Lutz Kruschwitz, Daniela Lorenz
Arbeitsbuch Investitionsrechnung

Lutz Kruschwitz, Daniela Lorenz

Arbeitsbuch Investitionsrechnung

Aufgaben und Lösungen

DE GRUYTER
OLDENBOURG

ISBN 978-3-11-060955-4
e-ISBN (PDF) 978-3-11-060957-8
e-ISBN (EPUB) 978-3-11-060963-9

Bibliografische Information der Deutschen Nationalbibliothek
Die Deutsche Nationalbibliothek verzeichnet diese Publikation in der Deutschen
Nationalbibliografie; detaillierte bibliografische Daten sind im Internet über
http://dnb.dnb.de abrufbar.

© 2019 Walter de Gruyter GmbH, Berlin/Boston
Einbandabbildung: deepblue4you/E+/gettyimages.com
Druck und Bindung: CPI books GmbH, Leck

www.degruyter.com

Vorwort

Wer mit betriebswirtschaftlichen Methoden vertraut werden will, darf sich nicht auf den Besuch von Vorlesungen und die Lektüre von Lehrbüchern beschränken. Vielmehr ist es geboten, diese Methoden anhand von Beispielen und praktischen Aufgaben zu üben. Der Volksmund hat Recht, wenn er sagt: „Übung macht den Meister." Das vorliegende Arbeitsbuch stellt eine umfangreiche Sammlung geeigneter Übungsaufgaben dar. Zu jeder Aufgabe findet man am Ende des Buches eine passende Musterlösung.

Den Leserinnen und Lesern wird empfohlen, die Lösungen der Aufgaben in Angriff zu nehmen, ohne einen Blick auf diese Musterlösungen zu werfen. Nur wenn man sich dieser Mühe unterzieht, wird sich ein nennenswerter Lernerfolg einstellen. Erst dann, wenn man glaubt, am Ziel angelangt zu sein, empfiehlt sich ein Blick auf die Musterlösung. Wenn festgestellt werden kann, dass beide Lösungen übereinstimmen, darf man sich freuen. Andernfalls muss man darüber nachdenken, weswegen man in die Irre gegangen ist. Auch dies trägt selbstverständlich zu einem Lernerfolg bei. Bekanntlich kann man ja auch aus seinen Fehlern viel lernen.

Das vorliegende Arbeitsbuch stellt eine nützliche Ergänzung zu unserem jetzt in 15. Auflage erscheinenden Lehrbuch zur Investitionsrechnung dar. Den Grundstock zum Arbeitsbuch haben wir gewonnen, indem wir die Aufgaben und Lösungen aus den früheren Auflagen des Lehrbuchs herauslösten. Die Sammlung wurde überarbeitet, ergänzt und erweitert. Sie kann unabhängig vom Lehrbuch eingesetzt werden.

Berlin und Würzburg, im August 2019 *Lutz Kruschwitz und Daniela Lorenz*

https://doi.org/10.1515/9783110609578-202

Inhalt

1 Grundlagen

1.1 Fragen und Probleme

1. Was verstehen Sie in zahlungsorientierter Betrachtung unter Investition, was unter Finanzierung?
2. Welche Unterschiede bestehen zwischen Wahlentscheidungen, Investitionsdauerentscheidungen und Programmentscheidungen? Bilden Sie Beispiele, und gehen Sie darauf ein, welche Bedeutung diese Klassifikation besitzt.
3. In welchen Phasen des Entscheidungsprozesses lassen sich Investitionsrechnungen einsetzen?
4. Begründen Sie, dass ein Investitionsentscheidungsproblem oft mehr als ein rein rechnerisches Problem ist.
5. Was verstehen Sie unter Vermögensstreben (Endwertmaximierung), was unter Einkommensstreben (Entnahmemaximierung)?
6. Welches Problem entsteht, wenn eine Investitionsrechnung in einer Unternehmung auf Dauer durchgeführt werden soll, und wie lässt es sich lösen?
7. Warum ist Renditemaximierung keine selbständig sinnvolle Zielsetzung eines Investors?
8. Welche Arten von Investitionen lassen sich unterscheiden, wenn Ordnungen nach
    (a) der Art des zu beschaffenden Vermögensgegenstandes,
    (b) dem Einfluss auf die Kapazität im Produktionsbereich
    gebildet werden?
9. Um Investitionspläne aufstellen zu können, müssen künftige Daten prognostiziert werden. Dafür stehen verschiedene Verfahren zur Verfügung. Welche quantitativen Prognoseverfahren gibt es, und was ist der Unterschied zwischen univariaten und multivariaten Verfahren?
10. Wie lässt sich der Begriff Modell definieren, und welche Arten von Modellen können nach ihrer Funktion unterschieden werden?
11. Erläutern Sie die Aussage: „Investitionsrechnungen sind partiell isomorphe Entscheidungsmodelle."
12. Was ist im Rahmen von Investitionsentscheidungen unter Imponderabilien zu verstehen, und welche Arten von Imponderabilien gibt es?

https://doi.org/10.1515/9783110609578-001

2 Verfahren zur Lösung von Wahlentscheidungen ohne Berücksichtigung von Steuern

2.1 Fragen und Probleme

1. Aus welchen Gründen ist das Zurechnungsproblem für Investitionswahlentscheidungen (und Investitionsdauerentscheidungen) ein Scheinproblem?
2. Worin bestehen die wesentlichen Unterschiede zwischen den statischen und den dynamischen Investitionsrechnungen?
3. Welche Funktion hat der vollständige Finanzplan bei Wahlentscheidungen über Investitionsprojekte?
4. Warum können Investitionswahlentscheidungen regelmäßig nur unter Berücksichtigung von Ergänzungs-Investitionen und -Finanzierungen getroffen werden?
5. Welche speziellen Annahmen über Ergänzungs-Investitionen und -Finanzierungen werden bei Unterstellung eines
   (a) vollkommenen,
   (b) unvollkommenen
   Kapitalmarkts getroffen?
6. Warum ist es notwendig, vereinfachende Annahmen über Ergänzungs-Investitionen und -Finanzierungen einzuführen? Welche Problemstruktur ergäbe sich bei Vorgabe realer Ergänzungs-Investitionen und -Finanzierungen, und welche Konsequenzen hätte das für die Investitionsrechnung?
7. Welche Folgen hätte die Annahme, dass Ergänzungs-Maßnahmen immer eine Laufzeit von zwei Perioden haben?
8. Wie lässt sich der Haben-Zins für Ergänzungs-Investitionen ökonomisch interpretieren?
9. Welche Gleichungen beschreiben das System allgemeiner Rechenregeln für den Fall des Vermögensstrebens bei unvollkommenem und unbeschränktem Kapitalmarkt?
10. Wie lautet die Gleichung zur Berechnung des Kapitalwerts einer Investition?
11. Warum sollte auf Investitionen mit negativem Kapitalwert verzichtet werden?
12. Wieso muss ein Investor, der nach maximalem Endvermögen strebt, unter den Bedingungen des vollkommenen Kapitalmarktes weder seine Basiszahlungen kennen noch eine Vorstellung über die zeitliche Struktur seiner Konsumentnahmen besitzen?
13. Aus welchem Grunde kann es auf vollkommenem Kapitalmarkt niemals zu einem Konflikt zwischen Vermögensstreben und Einkommensstreben kommen?
14. Was verstehen Sie unter einer nachschüssigen Rente, was unter einer vorschüssigen?

https://doi.org/10.1515/9783110609578-002

15. In welchem Verhältnis steht der nachschüssige Rentenbarwertfaktor zum Annui-
    täten- oder Wiedergewinnungsfaktor?
16. Welcher Zusammenhang herrscht zwischen Diskontierungsfaktor und Kalkula-
    tionszinssatz?
17. Definieren Sie die Begriffe Kassa-, Termin- und Effektivzinssatz.
18. Unter welchen Voraussetzungen wird ein Kapitalmarkt vollständig genannt?
19. Was verstehen Sie unter einem reinen Wertpapier, was unter einem Marktwertpa-
    pier?
20. Was unterscheidet eine Zinskurve von einer Renditekurve?
21. Wie ist der interne Zinssatz einer Investition definiert?
22. Investitionen können mehrere interne Zinssätze haben. Wovon hängt die Anzahl
    der internen Zinssätze ab, die eine Investition maximal haben kann?
23. Was ist eine Normalinvestition, und was können Sie über die Anzahl ihrer inter-
    nen Zinssätze im Intervall $r > -100\,\%$ sagen?
24. Beschreiben Sie, wie sich interne Zinssätze von Normalinvestitionen mit Hilfe des
    Newtonschen Verfahrens berechnen lassen.

2.2 Aufgaben

1. Berechnung des Endvermögens
→ Seite 35

Ein Investor hat einen Planungszeitraum von $T = 4$ Jahren. Er will sein Endvermögen maximieren und wünscht gleichbleibende Entnahmen auf dem Niveau
von $C = 75$. Der Kapitalmarkt ist unvollkommen und beschränkt, Finanzlimit
$L = 400$. Zu beurteilen sind drei Investitionen A, B und C sowie die Unterlassungsalternative.

Tab. 2.1: Ausgangsdaten eines Entscheidungsproblems bei unvollkommenem und beschränktem
Kapitalmarkt

Zeitpunkt t	0	1	2	3	4
Basiszahlungen	500	−200	20	150	300
Haben-Zins		0,06	0,06	0,05	0,05
Soll-Zins		0,10	0,10	0,10	0,09
Investition A	−800	600	200	150	−80
Investition B	−700	300	400	30	100
Investition C	−400	−200	700	0	0

Die Zahlungsreihen der Projekte sowie die übrigen Daten des Entscheidungsproblems ergeben sich aus Tabelle 2.1. Berechnen Sie die Endwerte aller finanzierbaren Alternativen, und stellen Sie die vollständigen Finanzpläne auf.

2. **Berechnung des Entnahmeniveaus**
   → Seite 35

   Betrachten Sie das gleiche Beispiel wie in Aufgabe 1 mit folgendem Unterschied. Der Investor will nun sein Entnahmeniveau maximieren und dabei ein Endvermögen von 400 erreichen. Berechnen Sie die Entnahmeniveaus aller Alternativen des Investors. Gehen Sie dabei davon aus, dass kein Finanzierungslimit existiert.

3. **Berechnung einer Entschädigung**
   → Seite 37

   Betrachten Sie wiederum Aufgabe 1, jetzt mit der Zielsetzung Endwertmaximierung wie oben. Ein Konkurrent ist daran interessiert, diesen zur Aufgabe des Projektes B zu bewegen. Um ihn zum Verzicht zu veranlassen, wäre er bereit, im Zeitpunkt $t = 0$ eine angemessene Entschädigung an den Investor zu zahlen.

   (a) Welchen Preis wird der Investor mindestens verlangen?
   (b) Wie lautet Ihre Antwort, wenn der Konkurrent anstelle einer einmaligen Entschädigung zur Zahlung von zwei gleich hohen Raten in den Zeitpunkten $t = 0$ und $t = 1$ bereit wäre?
   (c) Zu welchem Ergebnis kämen Sie in Bezug auf die einmalige Entschädigung, wenn die Zielsetzung Entnahmemaximierung (wie in Aufgabe 2) wäre?

4. **Investitionsentscheidung bei unterschiedlicher Zielsetzung**
   → Seite 39

   Ein Investor hat einen Planungszeitraum von drei Jahren. Er rechnet mit Basiszahlungen in Höhe von $(M_0, \dots, M_3) = (40, -10, 250, 130)$. Der Soll-Zins beträgt gleichbleibend 15 %, der Haben-Zins 5 %.

   (a) Die Zielsetzung ist Endvermögensmaximierung bei konstanten Entnahmen auf dem Niveau von $C = 25$. Welches Endvermögen muss eine Investition dann mindestens versprechen, damit es sich lohnt, sie zu verwirklichen?
   (b) Die Zielsetzung ist Einkommensmaximierung bei einem gewünschten Endvermögen von $K_3 = 250$. Wie hoch ist dann das Entnahmeniveau, das eine Investition mindestens abwerfen muss, um nicht abgelehnt zu werden?

5. Endwert- und Entnahmemodell
→ Seite 40

Konstruieren Sie ein Zahlenbeispiel, bei dem ein Investor, der sein Einkommen maximieren will, eine andere Entscheidung zu treffen hat als ein Investor, der nach maximalem Vermögen strebt.

6. Berechnung Kapitalwert, Entnahmeniveau und Endvermögen
→ Seite 41

Ein Investor plant unter den Bedingungen eines vollkommenen Kapitalmarkts mit $i = 8\%$. Sein Planungszeitraum umfasst $T = 6$ Jahre. Der Investor wünscht gleichbleibende Entnahmen. Er kann zwischen den Investitionen A und B wählen. Deren Zahlungsreihen sowie die Basiszahlungen gehen aus nachstehender Aufstellung hervor.

Zeitpunkt t	0	1	2	3	4	5	6
Basiszahlungen	700	10	180	−110	−60	0	400
Investition A	−800	400	−300	200	600	150	500
Investition B	−400	−600	600	800	200	0	0

(a) Berechnen Sie die Kapitalwerte beider Investitionen. Für welches Projekt sollte sich der Investor entscheiden?

(b) Berechnen Sie das Niveau der Entnahmen, das der Entscheider bei Wahl der Unterlassungsalternative erreicht, wenn das Endvermögen mit $K_6 = 900$ fixiert wird.

(c) Welches Endvermögen erreicht der Investor mit Projekt A, wenn das Entnahmeniveau mit $C = 40$ angesetzt wird?

7. Investitionsentscheidung bei nicht-flacher Zinskurve
→ Seite 41

Betrachten Sie die beiden folgenden Investitionen.

Zeitpunkt t	0	1	2	3	4
Investition A	−100	20	30	40	50
Investition B	−120	30	40	40	50

(a) Welches der beiden Projekte ist vorzuziehen, wenn die Kassazinssätze mit $i_{0,1} = 5\%$, $i_{0,2} = 7\%$, $i_{0,3} = 8\%$ und $i_{0,4} = 9\%$ anzusetzen sind?

(b) Wie groß ist unter den angegebenen Bedingungen der Terminzinssatz $i_{1,2}$?

8. Kapitalwert- versus Annuitätenmethode

→ Seite 42

Der Planungszeitraum umfasst $T = 4$ Jahre, und es wird mit einem Kalkulationszinssatz von $i = 6\%$ gerechnet. Zu wählen ist zwischen den Investitionen A und B gemäß nachstehender Tabelle.

Zeitpunkt t	0	1	2	3	4	*NPV*
Investition A	−500	300	200	200	100	208,15
Investition B	−400	100	400	150	0	176,28

Nach dem Kapitalwertkriterium müsste man sich für Projekt A entscheiden. Der Investor zieht aber die Annuitätenmethode vor und rechnet

$$ANN_A = 208,15 \cdot \frac{0,06 \cdot 1,06^4}{1,06^4 - 1} = 60,07$$

$$ANN_B = 176,28 \cdot \frac{0,06 \cdot 1,06^3}{1,06^3 - 1} = 65,95\,.$$

Nun will er dem Projekt B den Vorzug geben. Wie ist Ihre Meinung?

9. Berechnung des Endvermögens

→ Seite 42

Jemand zahlt am Anfang eines jeden Jahres 1.200 € auf ein Konto, das mit 7,5 % verzinst wird. Wie groß ist das Vermögen am Ende des 16. Jahres?

10. Berechnung einer jährlichen Rate

→ Seite 43

Sie brauchen in zehn Jahren 80.000 € und haben eine Bank gefunden, mit der Sie einen Ratensparvertrag abschließen können. Die Bank sagt Ihnen einen Zinssatz von 5 % zu, wenn Sie die Raten vorschüssig zahlen. Wie viel müssen Sie jährlich zahlen, um das gewünschte Vermögen anzusammeln?

11. Berechnung des Barwerts einer ewigen Rente

→ Seite 43

Wie groß ist der Barwert einer ewigen Rente von 15.000 € bei einem Zinssatz von 5,5 %, wenn sie
(a) vorschüssig,
(b) nachschüssig
gezahlt wird? Erklären Sie den betragsmäßigen Unterschied.

12. Berechnung des Zinssatzes

→ Seite 43

Zu welchem Zinssatz müssen Sie 100 € anlegen, damit Sie in zehn Jahren das Doppelte haben?

13. Berechnung eines Kontostands

→ Seite 43

Jemand zahlt am 01.01.01 10.000 € auf ein Sparkonto ein, das mit $i = 0,04$ verzinst wird. Vom 01.01.02 bis einschließlich zum 01.01.16 zahlt er jährlich 4.000 € ein. Wie hoch ist das Kapital am 01.01.20?

14. Berechnung einer vorschüssigen Rente

→ Seite 44

Ein Vater will seinen drei Kindern je 25.000 € zukommen lassen, und zwar dem ersten Kind am 01.01.16, dem zweiten am 01.01.19 und dem dritten am 01.01.21. Er ist bereit, hierfür jeweils am 01.01. gleichbleibende Einzahlungen zu leisten, beginnend am 01.01.00 und letztmals am 01.01.12. Berechnen Sie die jährlich notwendige Einzahlung bei einem Zinssatz von $i = 6,5\,\%$.

15. Laufzeitberechnung

→ Seite 44

Wie lange müssen Sie 10.000 € zu $i = 6\,\%$ anlegen, damit Sie vier Jahre lang nachschüssig eine Rente von 4.339,35 € zahlen können?

16. Berechnung einer Annuität

→ Seite 45

Jemand hat Schulden von 100.000 €. Als Zinssatz ist $i = 7\,\%$ vereinbart. Die Schuld soll in Form von fünf jährlichen Rentenzahlungen getilgt werden (Annuitätentilgung). Berechnen Sie den jährlich fälligen Betrag.

17. Aufstellung eines annuitätischen Tilgungsplans

→ Seite 46

Betrachten Sie das gleiche Problem wie zuvor mit folgendem Unterschied. Die Zahlung im ersten Jahr soll nur halb so hoch sein wie alle übrigen. Wie sieht der Tilgungsplan nun aus?

18. Berechnung eines kritischen Zinssatzes

→ Seite 46

Bei welchem Zinssatz kann man sich folgendes Angebot leisten? „Zahlen Sie uns zehn Jahre lang jedes Jahr 1.000 €. Danach zahlen wir Ihnen auf ewig jedes Jahr 1.000 €."

19. Barwertberechnung eines zinslosen Kredits

→ Seite 47

Sie haben im Preisausschreiben gewonnen und können nun wählen. Entweder Sie nehmen 1.000 € in bar, oder Sie erhalten einen zinslosen Kredit über 7.000 €, den Sie in sieben jährlichen Raten zu je 1.000 € zurückzuzahlen haben.

(a) Für welche Alternative entscheiden Sie sich?
(b) Unter welchen Umständen würden Sie Ihre Entscheidung revidieren?

20. **Verwendung langfristiger Zinssätze**
→ Seite 48

Was spricht dagegen, als Kalkulationszinssatz für die Beurteilung langfristiger Investitionen den Kapitalmarktzinssatz für langfristige Anleihen zu verwenden?

21. **Berechnung von Kassa- und Terminzinssätzen**
→ Seite 48

Ein Zero Bond, dessen Inhaber in vier Jahren mit Einzahlungen in Höhe von 1.000 € rechnen kann, notiert heute zu 777 €. Ein zweiter Zero Bond, der in drei Jahren den gleichen Betrag verspricht, wird zum Preise von 840 € gehandelt.

(a) Berechnen Sie die Kassazinssätze für Laufzeiten von drei und vier Jahren.
(b) Ermitteln Sie den impliziten Terminzinssatz $i_{3,4}$.

22. **Effektiv-, Kassa- und Terminzinssätze**
→ Seite 48

An einem Kapitalmarkt laufen zwei Kuponanleihen um. Bei der ersten dreht es sich um eine 8,75 %-Obligation mit dreijähriger Restlaufzeit, die zum Preise von 106,00 € je 100 € nominal gehandelt wird. Die zweite ist eine 6,125 %-Anleihe mit zweijähriger Restlaufzeit. Ihr Kurs beläuft sich auf 99,70 €. Außerdem notiert noch ein Zero Bond, der in einem Jahr Cashflows in Höhe von 10.000 € einbringt, zum Preise von 9.434,00 €.

(a) Berechnen Sie die Effektivrenditen der beiden Kuponanleihen und des Zero Bonds.
(b) Ermitteln Sie die Kassazinssätze für ein-, zwei- und dreijährige Kapitalanlagen.
(c) Zu beurteilen ist eine Sachinvestition mit der Zahlungsreihe $(z_0, \ldots, z_3)$ $= (-100, 40, 60, 70)$. Ermitteln Sie den Kapitalwert dieser Investition auf der Basis von
i. Effektivzinssätzen,
ii. Kassazinssätzen oder Preisen reiner Wertpapiere.
Geben Sie Gründe dafür an, warum Sie in beiden Fällen zu unterschiedlichen Resultaten kommen.
(d) Berechnen Sie für die Kapitalmarktdaten dieses Beispiels den impliziten Terminzinssatz $i_{1,3}$.

23. Berechnung interner Zinssätze

→ Seite 50

Berechnen Sie die internen Zinssätze der nachstehenden Projekte.

Zeitpunkt t	0	1	2	3	4	5
Investition A	−100	116				
Investition B	−100	0	132			
Investition C	−100	0	0	144		
Investition D	−100	0	0	0	175	
Investition E	−100	0	0	0	0	229

Hinweis: Da die Zahlungsreihen der vorstehenden Investitionen immer genau eine Auszahlung und eine Einzahlung enthalten, lassen sich die internen Zinssätze ohne Verwendung eines Näherungsverfahrens berechnen.

24. Interner Zinssatz mit Näherungsverfahren

→ Seite 51

Berechnen Sie die internen Zinssätze der nachfolgenden Projekte mit Hilfe des *Newtonverfahrens*.

Zeitpunkt t	0	1	2	3	4	5	6
Investition A	−100	50	30	30			
Investition B	−100	20	80	10	40		
Investition C	−100	20	20	20	20	20	20
Investition D	−100	110	−10	20			

25. Kapitalwert versus interner Zinssatz

→ Seite 52

Gegeben seien die beiden Projekte A und B bei einem Kalkulationszinssatz von $i = 8\%$.

Zeitpunkt t	0	1	2	3	4
Investition A	−35	20	15	10	5
Investition B	−35	5	10	15	26

(a) Welches der beiden Projekte ist günstiger, wenn man der Kapitalwertmethode vertraut?

(b) Welcher Investition ist der Vorzug zu geben, wenn die Methode der internen Zinssätze verwendet wird?

(c) Welcher Kalkulationszinssatz muss mindestens benutzt werden, damit beide Verfahren zum gleichen Ergebnis führen?

26. Darstellung der Kapitalwertfunktion

→ Seite 53

Die Zahlungsreihe

$$-5.000 \qquad 19.500 \qquad -26.950 \qquad 15.405 \qquad -2.970$$

hat vier interne Zinssätze. Stellen Sie die Kapitalwertfunktion dieser Investition zeichnerisch dar und zeigen Sie auf diese Weise, wo die vier Zinssätze liegen.

3 Verfahren zur Lösung von Wahlentscheidungen mit Berücksichtigung von Steuern

3.1 Fragen und Probleme

1. Welche Einkunftsarten unterscheidet das Einkommensteuergesetz?
2. Was heißt im Zusammenhang mit der Einkommensteuer „Splittingverfahren"?
3. Was bedeutet Kirchensteuerkappung?
4. Erklären Sie im Zusammenhang mit der Gewerbesteuer die Begriffe Steuermesszahl, Steuermessbetrag und Hebesatz.
5. Was wird unter Differenzsteuer verstanden, und welche Berechnungsschritte sind erforderlich, um die Differenzsteuer (in Bezug auf eine beliebige Steuerart) zu berechnen?
6. Wie ließe sich der Aufwand zur Berechnung der Differenzsteuer verringern, wenn man es mit einem streng proportionalen Steuertarif zu tun hätte?
7. Welchen Weg kann man (in Bezug auf eine beliebige Steuerart) gehen, um den Berechnungsaufwand im Zusammenhang mit der Ermittlung von Differenzsteuern im Rahmen der Investitionsrechnung zu reduzieren?
8. Skizzieren Sie, in welcher Weise das System der allgemeinen Rechenregeln für den Fall des Vermögensstrebens zu erweitern ist, wenn Steuern einbezogen werden sollen.
9. Welche Vorteile hat das Standardmodell gegenüber einem Endwertmodell mit detaillierter Steuerberücksichtigung, und durch welche Prämissen werden diese Vorteile erkauft?
10. Was versteht man unter einem Steuerparadox?
11. Beschreiben Sie, was eine konsumorientierte von einer einkommensorientierten Steuer unterscheidet.
12. Welche Vorteile besitzt die zinskorrigierte Steuer gegenüber der Cashflow-Steuer?

3.2 Aufgaben

1. **Aufstellung vollständiger Finanzpläne**
   → Seite 54

   Ein Investor hat einen Planungszeitraum von $T = 4$ Jahren. Er wird nicht zur Kirchensteuer herangezogen und betreibt sein Gewerbe als Einzelunternehmer. Der Investor ist verheiratet. Seine Ehefrau hat keinerlei eigene Einkünfte und beantragt mit ihm die Zusammenveranlagung. Bei der Einkommensteuer ist daher die Splittingtabelle anzuwenden.

https://doi.org/10.1515/9783110609578-003

Er rechnet damit, dass er im Falle der Nichtdurchführung weiterer Investitionen von den in Tabelle 3.1 zusammengestellten Basisbemessungsgrundlagen auszugehen hat.

Tab. 3.1: Basisbemessungsgrundlagen eines Investors

Zeitpunkt t	1	2	3	4
Gewerbesteuer	62.500	60.000	55.000	50.000
Einkommensteuer	55.000	50.000	47.500	45.000

Bei der Gewerbesteuer ist ein Freibetrag in Höhe von F_g = 24.500 € zu berücksichtigen. Der Hebesatz beträgt H = 400 %. Der Kapitalmarkt ist unvollkommen und unbeschränkt, wobei der Soll-Zinssatz gleichbleibend mit s = 10 %, der Haben-Zinssatz gleichbleibend mit h = 4 % veranschlagt wird. Es stehen zwei Investitionen A und B mit den in Tabelle 3.2 zusammengestellten Zahlungsreihen zur Verfügung. Es kann auch ganz auf Investitionen verzichtet werden (Projekt 0). Bei den beiden Investitionen ist von linearer Abschreibung auszugehen.

Tab. 3.2: Basiszahlungen und Zahlungsreihen

Zeitpunkt t	0	1	2	3	4
Basiszahlungen	70.000	−10.000	62.500	28.000	105.000
Projekt A	−35.000	15.000	10.000	10.000	15.000
Projekt B	−40.000	12.500	15.000	10.000	22.500

(a) Stellen Sie die vollständigen Finanzpläne aller Alternativen auf. Für welche Alternative entscheidet sich der Investor, wenn er die Absicht hat, sein Endvermögen bei gleichbleibenden Konsumentnahmen auf dem Niveau von C = 25.000 € zu maximieren?

(b) Wie hoch ist das mit Projekt B erreichbare Entnahmeniveau, wenn das Endvermögen mit K_4 = 100.000 € fixiert wird?

2. Kapitalwert bei unterschiedlichen Abschreibungsplänen
→ Seite 54

Betrachten Sie die nachstehenden Projekte A und B.

	$-I_0$	CF_1	CF_2	CF_3	CF_4
Investition A	−4.000	500	1.000	3.000	750
Investition B	−4.000	3.000	0	1.000	1.300

Der Kapitalmarkt ist vollkommen und unbeschränkt. Die Entscheidung wird auf der Grundlage des Standardmodells getroffen. Der unversteuerte Kalkulationszinssatz ist $i = 8\%$.

(a) Für welche Investition entscheiden Sie sich, wenn linear abgeschrieben wird und ein Einkommensteuersatz von $s_e = 65\%$ gilt?
(b) Ändert sich Ihre Entscheidung, wenn Sie berücksichtigen, dass das Investitionsobjekt A digital abgeschrieben wird?
(c) Zu welchem Ergebnis kommen Sie, wenn in Bezug auf die Investition A eine Sofortabschreibung zulässig wäre?

3. **Standardmodell mit Sofortabschreibung**
   → Seite 58

   Zeigen Sie formal mit Hilfe des Standardmodells, dass Sofortabschreibung für einen Investor stets günstiger ist als lineare Abschreibung. Geben Sie eine ökonomisch einleuchtende Erklärung für diesen Sachverhalt.

4. **Steigerung des Endvermögens**
   → Seite 59

   Ein Investor plant die Durchführung einer Investition mit folgender Zahlungsreihe.

$t = 0$	$t = 1$	$t = 2$	$t = 3$	$t = 4$
−1.000	300	CF_2	200	300

   Die Investition wird nach dem Standardmodell besteuert, wobei die Abschreibungen linear vorgenommen werden und der Steuersatz des Investors sich auf $s_e = 30\%$ beläuft. Der Kapitalmarktzinssatz beträgt $i = 10\%$. Der Investor kann mit der Investition sein Endvermögen um einen Betrag in Höhe von 39,97 € steigern. Der Kapitalmarkt sei vollkommen und unbeschränkt.

   (a) Ermitteln Sie den unversteuerten Cashflow im Zeitpunkt $t = 2$.
   (b) Welche zusätzliche Steuerzahlung verursacht die Durchführung der Investition im Zeitpunkt $t = 1$. Unterstellen Sie hierbei, dass die Investition vollständig aus dem privaten Bankguthaben des Investors finanziert wird.

5. **End- und Kapitalwerte bei steigendem Steuersatz**
   → Seite 60

   Ein Investor hat das Projekt mit der Zahlungsreihe

$t = 0$	$t = 1$	$t = 2$	$t = 3$
−1.500	200	800	850

   zu beurteilen. Der Kapitalmarkt sei unbeschränkt und vollkommen mit einem Kalkulationszinssatz von $i = 10\%$. Der Investor beabsichtigt, sein Endvermögen bei gleichbleibenden Entnahmen auf dem Niveau von $C = 20$ zu maximieren. Die (Nachsteuer-) Basiszahlungen betragen

$$M_0, M_1, M_2, M_3 = 800, -200, 0, 2.000.$$

Das Projekt soll linear abgeschrieben und nach dem Standardmodell besteuert werden.

(a) Stellen Sie eine Tabelle zusammen, aus der sich ablesen lässt, welche Kapitalwerte und Endwerte im Fall der Projektdurchführung sowie im Fall der Unterlassungsalternative erzielt werden, wenn der Steuersatz $s_e = 0\,\%$, $20\,\%$, $40\,\%$ oder $60\,\%$ beträgt.

(b) Betrachten Sie die Entwicklung des Kapitalwerts. Welche Effekte ergeben sich durch die Steuersatzerhöhung?

6. **Steuerparadox bei nicht-abnutzungsfähigen Vermögenswerten**
→ Seite 61

Gegeben sei eine Investition mit folgender Zahlungsreihe

$t = 0$	$t = 1$	$t = 2$	$t = 3$	$t = 4$
−1	0	0	0	15

Bei dem Projekt soll es sich um die Beschaffung eines Vermögensgegenstandes handeln, der nicht abnutzungsfähig ist und daher auch nicht abgeschrieben werden kann. Untersuchen Sie, ob sich hier trotzdem ein Steuerparadox ergibt, wenn der Kalkulationszinssatz $i = 100\,\%$ beträgt.

7. **Steuerparadox bei verschwindendem Zinssatz**
→ Seite 62

Betrachten Sie eine Investition im Rahmen des Standardmodells. Gehen Sie davon aus, dass die Summe der Abschreibungen der Investitionsauszahlung entspricht, also $\sum_{t=1}^{T} AfA_t = I_0$. Zeigen Sie, dass unter dieser Bedingung kein Steuerparadox auftreten kann, wenn der Kalkulationszinssatz verschwindet ($i \to 0$).

8. **Ermittlung eines kombinierten Steuersatzes**
→ Seite 63

Jemand besitzt ein Einkommen, das er mit $s_e = 38\,\%$ versteuern muss. Wenn diese Person außerdem Kirchensteuer in Höhe von $s_{ki} = 9\,\%$ und Solidaritätszuschlag mit $s_{sol} = 5,5\,\%$ zu zahlen hat, wie groß ist dann der kombinierte Steuersatz?

9. **Kritische Leasingrate**
→ Seite 63

Ein Investor hat zwischen Kauf und Leasing zu wählen. Im Fall des Kaufs müssen heute Anschaffungsauszahlungen in Höhe von 1.000 € bezahlt werden. Die jährlichen Cashflows aus dem Betrieb der Anlage werden gleichbleibend mit 600 €

veranschlagt. Das Objekt wird linear abgeschrieben. Die betriebsgewöhnliche Nutzungsdauer des Vermögensgegenstandes beträgt 5 Jahre. Eine Veräußerung des Investitionsobjektes im Zeitpunkt t erfolgt grundsätzlich zum Restbuchwert. Unterstellen Sie ferner, dass keine Schulden aufgenommen werden, um den Kauf zu finanzieren.

Bei Anmietung des Investitionsobjektes muss während einer Grundmietzeit von 4 Jahren am jeweiligen Jahresende eine Leasingrate in Höhe von 250 € gezahlt werden. Weitere Zahlungen an den Leasinggeber fallen nicht an. Der Leasinggeber bleibt wirtschaftlicher Eigentümer. Der Kalkulationszinssatz beträgt 10 %. Unterstellen Sie einen Planungszeitraum von 4 Jahren.

(a) Ermitteln Sie die Cashflows und Earnings before Interest and Taxes (*EBIT*) beider Alternativen.

(b) Es ist mit einem Einkommensteuersatz von 40 % zu rechnen. Der Investor ist nicht kirchensteuerpflichtig, muss aber den Solidaritätszuschlag in Höhe von 5,5 % abführen. Wie sieht die Gleichung zur Bestimmung der kritischen Leasingrate unter diesen Bedingungen aus? Berechnen Sie die kritische Leasingrate.

(c) Gehen Sie jetzt davon aus, dass der Investor keine Steuern zahlen muss. Ermitteln Sie, wie die Formel zur Berechnung der kritischen Leasingrate nun geschrieben werden kann. Interpretieren Sie das Ergebnis, und rechnen Sie die kritische Leasingrate für diesen Fall auch numerisch aus.

4 Verfahren zur Lösung von Entscheidungen über die Investitionsdauer

4.1 Fragen und Probleme

1. Was verstehen Sie unter identischen Investitionsketten, was unter nicht-identischen?
2. Beschreiben Sie, wie vorgegangen werden kann, um die optimale Nutzungsdauer einer endlichen Folge nicht-identischer Investitionen zu bestimmen.
3. Was verstehen Sie unter dem zeitlichen Grenzgewinn einer Investition?
4. Wie wird der Kapitalwert einer unendlichen Folge identischer Investitionen berechnet?
5. Interpretieren Sie den Satz: „Der Ersatz einer alten Anlage ist vorteilhaft, sobald der Grenzgewinn der alten Anlage kleiner ist als der Durchschnittsgewinn der neuen Anlage."

4.2 Aufgaben

1. **Optimale Nutzungsdauer und Endvermögensmaximierung**
   → Seite 65

   Der Planungszeitraum eines Investors beträgt 7 Jahre. Er besitzt heute liquide Mittel in Höhe von 1.200 und beabsichtigt, sein Endvermögen bei gleichbleibenden Entnahmen von 40 zu maximieren. Zur Wahl steht eine Investition, deren optimale Nutzungsdauer bestimmt werden soll.

   Die Investition verursacht Anschaffungsauszahlungen in Höhe von 2.000. In den kommenden Jahren ist mit gleichbleibenden Einzahlungsüberschüssen von jeweils 700 zu rechnen. Im Zeitpunkt $t = 2$ sind erstmals Reparaturauszahlungen in Höhe von 100 fällig. Diese steigen in jedem Jahr um 100. In Bezug auf die Liquidationserlöse im Falle des Verkaufs des Investitionsobjektes wird angenommen, dass sie in jedem Jahr um 20 %, bezogen auf den Vorjahreswert, fallen.

   (a) Wie lauten die Zahlungsreihen der Entscheidungsalternativen?
   (b) Der Kapitalmarkt ist unvollkommen, wobei der Soll-Zins konstant 12 % und der Haben-Zins konstant 7 % ist. Welche Nutzungsdauer ist die beste?
   (c) Der Kapitalmarkt ist vollkommen, und es gilt ein Kalkulationszinssatz von 10 %. Welche Nutzungsdauer ist nun optimal?
   (d) Wie groß ist der zeitliche Grenzgewinn in Bezug auf den Zeitpunkt $n = 3$, und was besagt diese Zahl?

https://doi.org/10.1515/9783110609578-004

(e) Der Planungszeitraum des Investors ist unendlich lang. Der Kapitalmarkt ist vollkommen (10 % Kalkulationszinssatz), und der Investor plant, das in Rede stehende Projekt unendlich oft zu wiederholen. Welche Nutzungsdauer ist unter diesen Bedingungen optimal?

2. Optimale Nutzungsdauer, Liquidationserlös und Kapitalwert
→ Seite 67

Für eine einmalige Investition seien für die Zeitpunkte $n = 1$ bis $n = 6$ folgende auf $t = 0$ bezogenen zeitlichen Grenzgewinne berechnet worden: 100, –50, –30, 90, –20 und –100.

(a) Welche Nutzungsdauer ist optimal?
(b) Für den Zeitpunkt $t = 3$ belaufen sich die Einzahlungen aus der Investition einschließlich Liquidationserlös auf 960. Wie groß ist dann bei einem Kalkulationszinssatz von 8 % der Liquidationserlös im Zeitpunkt $t = 2$?
(c) Wie groß ist der Kapitalwert bei dreijähriger Nutzungsdauer?

3. Optimale Nutzungsdauer bei sinkendem Liquidationserlös
→ Seite 68

Die Zahlungsreihe einer Investition ohne Berücksichtigung von Liquidationserlösen lautet $(z_0, \ldots, z_5) = (-100, 30, 30, 40, 40, 50)$. Der Kalkulationszinssatz ist 11 %. Welchen Einfluss hat es auf die optimale Nutzungsdauer, wenn der Liquidationserlös des Objekts (ausgehend von 100) in jeden Jahr um 25 % statt um 10 % sinkt?

4. Ermittlung eines Kettenkapitalwerts
→ Seite 68

Der Kapitalwert einer Investition mit sechsjähriger Nutzungsdauer beläuft sich bei einem Kalkulationszinssatz von 9 % auf 1.000 €. Wie groß ist der Kapitalwert einer unendlich langen Kette identischer Investitionen mit gleichem Kapitalwert?

5. Kapitalwert der Ersatzstrategie
→ Seite 69

Ein Investor beabsichtigt, eine vorhandene Anlage im kommenden Jahr ($n = 1$) zu ersetzen. Er erzielt mit dieser Anlage heute Einzahlungen in Höhe von 500 und im nächsten Jahr Einzahlungen von 600. Hinzu kommt ein geschätzter Liquidationserlös in Höhe von 2.500. Der Kapitalwert der (ersten) Nachfolgeinvestition beläuft sich bei einem Kalkulationszinssatz von 6 % und einer Nutzungsdauer von vier Jahren auf 1.200. Die Nachfolgeinvestition soll unendlich oft wiederholt werden. Wenn man die alte Anlage heute ausrangierte, könnte man einen Verkaufserlös von 2.650 erzielen.

(a) Wie hoch ist der Kapitalwert der vom Investor beabsichtigten Handlungsweise?

(b) Ist der Investor gut beraten, mit dem Ersatz der alten Anlage noch ein Jahr zu warten?

(c) Wie hoch müsste der Liquidationserlös im nächsten Jahr sein, damit es gleichgültig wäre, ob die Anlage sofort oder erst im kommenden Jahr ersetzt wird?

5 Verfahren zur Lösung von Programmentscheidungen

5.1 Fragen und Probleme

1. Worin besteht der Unterschied zwischen voneinander abhängigen und voneinander unabhängigen Investitionen? Bilden Sie Beispiele.
2. Nehmen Sie zu folgender Aussage kritisch Stellung: „Bei der Investitionsplanung gibt es kein Zurechnungsproblem."
3. Inwieweit bestehen Unterschiede zwischen sukzessiver und simultaner Investitionsplanung? Worin sehen Sie die Vorzüge und Nachteile beider Planungsmethoden?
4. Skizzieren Sie die formale Struktur eines vollständigen Finanzplans bei simultaner Investitions- und Finanzplanung.
5. Was verstehen Sie unter endogenen Kalkulationszinssätzen, und wie können diese ermittelt werden?
6. Nehmen Sie zu folgender Behauptung Stellung: „Die endogenen Kalkulationszinssätze sind für die praktische Planung des Investitions- und Finanzierungsprogramms unbrauchbar. Erstens existieren sie nur, wenn man auf die Ganzzahligkeitsbedingung verzichtet, zweitens kennt man ihre genaue Höhe nur dann, wenn das Entscheidungsproblem schon gelöst ist."
7. Aus welchen Gründen ist es problematisch, das optimale Investitions- und Finanzierungsprogramm im Mehrperiodenfall mit Hilfe des von *Dean* vorgeschlagenen Verfahrens zu bestimmen?
8. Was ist unter linearer Programmierung zu verstehen?
9. Skizzieren Sie, wie ein LP-Problem grafisch gelöst werden kann, wenn es nur zwei Entscheidungsvariablen enthält.
10. Was sind Dualwerte, und welchen Informationswert haben sie?
11. Vergleichen Sie ein Modell der simultanen Investitions- und Produktionsplanung bezüglich seiner Vorteile und Mängel mit einem Modell der simultanen Investitions-, Produktions- und Finanzplanung.
12. Warum lassen sich aus der Lösung eines LP-Modells zur simultanen Investitions- und Produktionsplanung keine endogenen Kalkulationszinssätze ableiten?

https://doi.org/10.1515/9783110609578-005

5.2 Aufgaben

1. **Programmalternativen**

→ Seite 70

Ein Investor sucht das optimale Investitionsprogramm aus einer Menge von 20 sich gegenseitig nicht ausschließenden Vorhaben. Jedes Projekt kann entweder einmal oder keinmal ins Programm aufgenommen werden.

(a) Wie viele Programmalternativen gibt es nach den Regeln der Kombinatorik?
(b) Wie lange braucht man für die Ermittlung der Zahlungsreihen aller dieser Alternativen, wenn für die Zahlungsreihe eines Programms eine Minute veranschlagt wird?

2. **Optimales Investitionsprogramm und endogene Zinssätze**

→ Seite 70

Jemand hat einen Planungszeitraum von einem Jahr und die Absicht, sein Endvermögen zu maximieren. Gegeben seien vier Investitionen (1 bis 4) mit den nachstehenden Zahlungsreihen.

Zeitpunkt t	0	1
Investition 1	−30	34
Investition 2	−11	14
Investition 3	−18	21
Investition 4	−6	8

Zur Finanzierung stehen die Kredite 1 bis 3 mit jeweils höchstens 15 € zur Verfügung. Deren Zinskosten belaufen sich auf $r_1^F = 0{,}075$, $r_2^F = 0{,}14$ und $r_3^F = 0{,}10$.

(a) Bestimmen Sie das optimale Investitions- und Finanzierungsprogramm sowohl rechnerisch als auch zeichnerisch.
(b) Wie groß ist der endogene Kalkulationszinssatz?
(c) Berechnen Sie die Kapitalwerte der Investitionen mit dem endogenen Kalkulationszinssatz, und kommentieren Sie die Ergebnisse.

3. **Dualwerte und endogene Zinssätze**

→ Seite 71

Einem Investor sind vier Sachinvestitionen, vier Finanzinvestitionen und sechs Finanzierungsprojekte bekannt, für die er mit den in Tabelle 5.1 angegebenen Zahlungsreihen rechnet.

Der Investor besitzt in $t = 0$ liquide Mittel in Höhe von 500. Weitere Basiszahlungen sind nicht zu berücksichtigen. Im Übrigen sind alle Projekte beliebig teilbar und untereinander vollkommen unabhängig.

Tab. 5.1: Investitions- und Finanzierungsprojekte

Zeitpunkt t	0	1	2	3	4
Sachinvestition 1		−500	−900	1250	350
Sachinvestition 2	−800	80	160	320	520
Sachinvestition 3	−700	500	300	−200	220
Sachinvestition 4	−300	700	350	170	−1.090
Finanzinvestition 5	−100	106			
Finanzinvestition 6		−100	106		
Finanzinvestition 7			−100	106	
Finanzinvestition 8				−100	106
Finanzierung 1	1.000	−80	−388	−388	−388
Finanzierung 2	600	0	0	0	−832
Finanzierung 3	100	−110			
Finanzierung 4		100	−110		
Finanzierung 5			100	−110	
Finanzierung 6				100	−110

Angenommen, bei der Berechnung des optimalen Investitions- und Finanzierungsprogramms belaufen sich die Dualwerte der Liquiditätsnebenbedingungen auf $d_0 = -1{,}37632$, $d_1 = -1{,}2512$, $d_2 = -1{,}166$, $d_3 = -1{,}06$ und $d_4 = -1$.

(a) Welchen Informationswert besitzen diese Zahlen?
(b) Berechnen Sie die endogenen Kalkulationszinssätze.
(c) Zeigen Sie, wie das optimale Investitions- und Finanzierungsprogramm mit Hilfe der Kapitalwertmethode bestimmt werden kann, wenn die endogenen Kalkulationszinssätze bekannt sind.

4. **Optimales Investitionsprogramm bei unvollkommenem Kapitalmarkt**
   → Seite 72

Ein Investor kann in beliebigem Umfang Kredit für 12 % Zinsen bekommen und in beliebiger Menge Geld zu 8 % anlegen. Er ist auf der Suche nach dem optimalen Investitions- und Finanzierungsprogramm, ohne bereits vollständige Klarheit zu besitzen, ob er das Endvermögen oder das Entnahmeniveau maximieren will. Zur Diskussion stehen unter anderem folgende Projekte.

Zeitpunkt t	0	1	2	3
Investition 1	−100	60	30	30
Investition 2	−80	70	30	
Investition 3	−70	35	40	
Investition 4	−120	165	−30	

(a) Welche Projekte sollten unbedingt ins Programm aufgenommen werden?
(b) Welche Projekte sollten auf keinen Fall durchgeführt werden?

(c) Welche Projekte sollten unter Umständen realisiert werden?

(d) Konstruieren Sie die Zahlungsreihe einer Investition, die sowohl auf der Basis eines Zinssatzes von 12 % als auch auf der Basis eines Zinssatzes von 8 % ungünstig ist und eventuell trotzdem in das Programm aufgenommen werden sollte.

5. **Simultane Planung des Investitions- und Finanzierungsprogramms**
→ Seite 73

Jemand hat einen Planungszeitraum von $T = 5$ Jahren und wünscht, bei einem auf 1.000 fixierten Endvermögen das Niveau seiner jährlichen Entnahmen zu maximieren. Die Entnahmen sollen im Zeitablauf gleich bleiben. Der Investor kann Geld zu 16 % borgen sowie zu 5 % anlegen, ohne an mengenmäßige Beschränkungen zu stoßen. Er rechnet mit festen Basiszahlungen von $(M_0, \ldots, M_5) = (300, -400, -500, -200, 800, 1.700)$. Zur Wahl stehen fünf beliebig teilbare Investitionsprojekte mit den nachstehenden Zahlungsreihen.

Zeitpunkt t	0	1	2	3	4	5
Investition 1	−800	40	−200	700	300	300
Investition 2	−400	−300	600	150	210	100
Investition 3	−1.200	1.800	−200	60	−450	
Investition 4	−750	−250	120	880	300	300
Investition 5	−200	120	20	80	30	40

Der Investor kann auf drei Finanzierungsangebote mit folgenden Konditionen zurückgreifen: Der erste Kredit hat eine Laufzeit von fünf Jahren und ist maximal auf 1.000 € beschränkt. Der Zinssatz ist 10 %, wobei die Zahlung zwischenzeitlicher Zinsen an den Gläubiger entfällt. Vielmehr ist die gesamte Schuld einschließlich Zins und Zinseszins nach Ablauf der fünf Jahre fällig. Der zweite Kredit hat ganz ähnliche Bedingungen. Der Zinssatz ist 7 %, die Laufzeit nur drei Jahre, und der Kredit kann nur zu Beginn des nächsten Jahres (Zeitpunkt $t = 1$) aufgenommen werden. Beim letzten Kredit handelt es sich um ein annuitätisch zu tilgendes Darlehen über eine Summe von maximal 600 €. Der Zinssatz ist 8 %, die Laufzeit beträgt drei Jahre. Aus technischen Gründen darf keine Investition mehr als einmal durchgeführt werden.

(a) Stellen Sie die Zahlungsreihen der drei Finanzierungsangebote auf. Gehen Sie dabei von den Maximalbeträgen aus und runden Sie die Zahlungen des Schuldners auf glatte Beträge.

(b) Formulieren Sie das Entscheidungsproblem als lineare Optimierungsaufgabe, und stellen Sie das Basis-Tableau auf.

(c) Wenn Sie Zugang zu einem Computer haben, auf dem Sie LP-Probleme rechnen können, so bestimmen Sie das einkommensmaximale Investitions- und Finanzierungsprogramm. Stellen Sie den vollständigen Finanzplan für die optimale Lösung auf, und berechnen Sie abschließend die endogenen Kalkulationszinssätze.

6. Aufstellung von Wahrheitstafeln
→ Seite 76

Welche Nebenbedingungen sind geeignet, die nachfolgenden Beziehungen zwischen den Projekten sicherzustellen?

(a) Wenn Investition 1 realisiert wird, muss auch Investition 2 durchgeführt werden.
(b) Wenn Projekt 1 abgelehnt wird, dann muss Projekt 2 auf jeden Fall realisiert werden.
(c) Projekt 1 darf nur durchgeführt werden, wenn die Projekte 2 und 3 realisiert werden.
(d) Investition 1 darf nicht durchgeführt werden, wenn entweder Investition 2 oder Investition 3 verwirklicht werden.

7. Simultane Investitions- und Produktionsplanung mit Desinvestitionen
→ Seite 77

Formulieren Sie ein Entscheidungsmodell der simultanen Investitions- und Produktionsplanung unter der Zielsetzung Vermögensstreben, das sich von dem Grundmodell in folgendem Punkt unterscheidet. In jedem Zeitpunkt des Planungszeitraums sind Desinvestitionen möglich. Lösungshinweis:
– Skizzieren Sie die prinzipielle Struktur des vollständigen Finanzplans.
– Definieren Sie geeignete Symbole für Entscheidungsvariablen und Konstante.
– Ergänzen Sie Zielfunktion und Nebenbedingungen des Grundmodells.
– Fügen Sie zusätzliche Nebenbedingungen ein, die verhindern, dass Maschinen desinvestiert werden, bevor sie beschafft werden.

6 Investitionsentscheidungen unter Unsicherheit

6.1 Fragen und Probleme

1. Beschreiben Sie das Grundmodell der Entscheidungstheorie.
2. Beschreiben Sie die drei Dominanzprinzipien.
3. Wie werden Erwartungswert, Varianz und Streuung einer diskreten Verteilung berechnet?
4. Beschreiben Sie das Petersburger Spiel, und zeigen Sie, dass der Gewinnerwartungswert dieses Spiels unendlich groß ist.
5. Welchen Einfluss hat eine positiv lineare Transformation der Nutzenfunktion eines Investors auf dessen Entscheidungen?
6. Wie unterscheiden sich Eintrittswahrscheinlichkeiten von Indifferenzwahrscheinlichkeiten?
7. Wie lässt sich die Nutzenfunktion eines Entscheiders unter Risiko bestimmen?
8. Trifft es zu, dass ein im Sinne des Bernoulli-Prinzips risikoscheuer Entscheider sich rational verhält, wenn er Entscheidungen auf der Grundlage von Erwartungswert und Streuung trifft?
9. Was verstehen Sie unter erwartetem Nutzen, was unter Sicherheitsäquivalent?
10. Worin besteht der Unterschied zwischen der Kumulationsmethode und der Durchschnittsmethode der Amortisationsrechnung?
11. Skizzieren Sie, in welchen Schritten vorzugehen ist, um eine Risikoanalyse durchzuführen.
12. Beschreiben Sie den Unterschied zwischen starrer und flexibler Planung.
13. Wie wird die Kovarianz der Renditeverteilungen zweier Wertpapiere berechnet?
14. Die Rendite eines Portfolios aus zwei Wertpapieren entspricht dem gewogenen arithmetischen Mittel der Renditen beider in ihm enthaltenen Papiere. Unter welcher Voraussetzung lässt sich das gleiche über das Risiko des Portfolios sagen?
15. Was sind Leerverkäufe?
16. Welche und wie viele Daten müssen erhoben werden, um die effizienten Portfolios zu bestimmen, die sich aus 100 Aktien bilden lassen, wenn die Technik der Portfolioauswahl in der ursprünglich von *Markowitz* vorgelegten Form verwendet wird?
17. Aus welchem Grunde sollte das Risiko eines Investitionsprojektes nicht mit Hilfe der Varianz seiner künftigen Cashflows gemessen werden?
18. Was verstehen Sie unter „Marktpreis pro Risikoeinheit"?

https://doi.org/10.1515/9783110609578-006

6.2 Aufgaben

1. **μ-σ-Prinzip**
   → Seite 80

   Gegeben sei nachstehende Entscheidungsmatrix.

	Z_1 $q_1 = 0,4$	Z_2 $q_2 = 0,3$	Z_3 $q_3 = 0,3$
A_1	60	90	20
A_2	70	70	30

   (a) Berechnen Sie die Erwartungswerte der Gewinnverteilungen.
   (b) Berechnen Sie die Streuungen.
   (c) Welche Alternative ist optimal, wenn der Entscheider die Präferenzfunktion
   $\Phi(E[\tilde{x}], Var[\tilde{x}]) = E[\tilde{x}] - 0,4 \cdot \sigma[\tilde{x}]$ besitzt?

2. **Risikoneutralität und -aversion**
   → Seite 81

   Betrachten Sie die nachstehende Entscheidungssituation.

	Z_1 $q_1 = 0,2$	Z_2 $q_2 = 0,5$	Z_3 $q_3 = 0,3$
A_1	70	80	40
A_2	30	120	0

   Welche Alternative sollte der Entscheider wählen, wenn er sich

   (a) ausschließlich am Erwartungswert orientiert,
   (b) risikoscheu verhält und die Präferenzfunktion

   $$\Phi(E[\tilde{x}], Var[\tilde{x}]) = E[\tilde{x}] - 0,05 \cdot \sigma[\tilde{x}]$$

   benutzt?

3. **Widerspruch Dominanz- und μ-σ-Prinzip**
   → Seite 81

   Zeigen Sie an einem selbst gewählten Beispiel, dass es zu einem Widerspruch zwischen einer μ-σ^2-Regel und dem Dominanzprinzip kommen kann.

4. Lotterien und Risikoeinstellung
→ Seite 82

Bei der Befragung eines Entscheiders zum Zwecke der Ermittlung seiner Nutzenfunktion werden unter anderem folgende Urteile abgegeben:

$$[200; \ 30 \| 0,4; \ 0,6] \sim 110$$
$$[200; \ 30 \| 0,6; \ 0,4] \sim 130$$
$$[200; \ 30 \| 0,9; \ 0,1] \sim 160$$

(a) Was bedeuten diese Urteile im Einzelnen?
(b) Ist der Entscheider risikoscheu oder risikofreudig?
(c) Verstoßen diese Urteile des Entscheiders gegen eines der fünf Axiome, auf denen das Bernoulli-Prinzip beruht?
(d) Welche Alternative ist für den Entscheider optimal, wenn er es mit nachstehender Entscheidungssituation zu tun hat?

	Z_1 $q_1 = 0,4$	Z_2 $q_2 = 0,3$	Z_3 $q_3 = 0,3$
A_1	200	30	110
A_2	130	200	30
A_3	30	160	200

5. Berechnung der Indifferenzwahrscheinlichkeit
→ Seite 84

Ein Entscheider hat eine Nutzenfunktion der Form $U(x) = \ln x$. Über diesen Entscheider ist bekannt, dass er die beiden Lotterien $[180; \ 20 \| 0,6; \ 0,4]$ und $[150; \ 60 \| p; \ 1 - p]$ gleichwertig findet. Wie groß ist p?

6. Investitionsentscheidung bei gegebener Nutzenfunktion
→ Seite 84

Die Nutzenfunktion eines Investors hat die Form

$$U(x) = 150 + 12,7 \, x - 0,004 \, x^2 \, .$$

Aufgrund einer Risikoanalyse für zwei Projekte sind die in nachfolgender Tabelle angegebenen Informationen gewonnen worden.

x			relative Häufigkeiten	
			Investition A	Investition B
200	bis	400	0,005	0,000
400	bis	600	0,035	0,096
600	bis	800	0,265	0,247
800	bis	1.000	0,343	0,392
1.000	bis	1.200	0,287	0,243
1.200	bis	1.400	0,065	0,022

(a) Welches Projekt ist optimal?

(b) Handelt es sich um einen risikoscheuen oder um einen risikofreudigen Investor?

7. **Bernoulli-Prinzip**

→ Seite 85

Ein Investor hat eine Nutzenfunktion der Form $U(x) = 2\sqrt{x} - 2$ und legt seinen Entscheidungen das Bernoulli-Prinzip zugrunde.

(a) Der Entscheidungsträger informiert Sie nicht nur über seine Nutzenfunktion, sondern teilt Ihnen auch mit, dass er die Lotterien

$$[196;\ 36\,\|\,0{,}65;\ 0{,}35] \quad \text{und} \quad [144;\ 49\,\|\,q;\ 1-q]$$

gleichwertig findet. Wie groß ist die Wahrscheinlichkeit q, und was bedeutet sie inhaltlich?

(b) Der Investor steht vor der Wahl zwischen zwei Projektalternativen. Ihre zustandsabhängigen Cashflows sind in folgender Tabelle zu finden.

	Zustand 1	Zustand 2	Zustand 3
Wahrscheinlichkeit	0,5	0,3	0,2
Alternative A	121	49	64
Alternative B	49	81	Z

Wie hoch müsste die zustandsabhängige Zahlung Z mindestens sein, damit sich der Investor für Alternative B entscheidet?

8. **Sensitivitätsanalyse**

→ Seite 86

Ein Investor besitzt liquide Mittel in Höhe von 1.300 €. Weitere Basiszahlungen sind nicht zu berücksichtigen. Der Planungszeitraum umfasst $T = 3$ Jahre. Ziel des Investors ist Maximierung des Endvermögens bei konstanten Entnahmen in Höhe von 100 €. Der Soll-Zinssatz beträgt 10 %, der Haben-Zinssatz wird mit 5 % veranschlagt. Der Investor strebt ein Mindest-Endvermögen von 800 € an. Die zu beurteilende Investition verursacht sichere Auszahlungen von 1.000 €. Die laufenden Betriebsauszahlungen je Erzeugnis, dessen Herstellung mit dieser Investition ermöglicht wird, werden sich auf 5 € belaufen. Führen Sie eine Sensitivitätsanalyse in Bezug auf Verkaufspreis und Absatzmenge durch. Gehen Sie dabei von der Annahme aus, dass die Absatzzahlen in jedem Jahr um 4 % gegenüber dem Vorjahr wachsen. Der Investor hält Verkaufspreise zwischen 8 € und 9 € für realistisch.

9. **Berechnung der Amortisationsdauer**
   → Seite 87

   Wie lang ist die Amortisationsdauer einer Investition, wenn die Anschaffungsaus-zahlung 30.000 € beträgt und über eine Nutzungsdauer von sechs Jahren mit jähr-lichen Cashflows in Höhe von 15.000 € gerechnet wird? Wie lang ist die Amorti-sationszeit, wenn die gleichen Rückflüsse nur drei Jahre lang erzielt werden?

10. **Risikoanalyse**
    → Seite 87

    Ein Investor hat einen Planungszeitraum von $T = 10$ Jahren. Es geht darum, eine Investition zu beurteilen, die im Zeitpunkt $t = 0$ sichere Auszahlungen in Höhe von 150 € verursacht. In den Zeitpunkten $t = 1$ bis $t = 5$ wird mit Cashflows ge-rechnet, die (gleich verteilt) zwischen 15 und 45 € liegen. Für die Zeitpunkte $t = 6$ bis $t = 10$ glaubt der Investor mit 70 % Wahrscheinlichkeit an jährliche Cashflows zwischen 10 und 30 € sowie mit 30 % Wahrscheinlichkeit an jährliche Cashflows zwischen 30 und 40 €. Es ist davon auszugehen, dass die Cashflows der einzelnen Jahre voneinander unabhängig sind.

    (a) Berechnen Sie auf der Basis von 1.000 Simulationen und mit Hilfe eines Kal-kulationszinssatzes von 10 % den Erwartungswert des Kapitalwerts dieser In-vestition.
    (b) Stellen Sie die Verteilung der im Rahmen dieses Experiments gewonnenen Kapitalwerte grafisch dar.
    (c) Wie groß ist die Standardabweichung des Kapitalwerts?
    (d) Berechnen Sie die Wahrscheinlichkeit, mit der die Investition einen positiven Kapitalwert verspricht.

    Hinweis: Aufgrund der Vielzahl von notwendigen Berechnungen ist zur Lösung dieser Aufgabe ein Computer erforderlich. Die Lösung ist im Übrigen nicht ein-deutig, weil sie von den Eigenschaften des verwendeten Zufallszahlengenerators abhängt.

11. **Sequentielle Investitionsentscheidung**
    → Seite 88

    Eine Ölgesellschaft besitzt die Bohrrechte für ein Gelände, dessen geologische Be-schaffenheit ihre Fachleute nicht sehr gut beurteilen können. Nun ist folgendes Entscheidungsproblem zu lösen: Die Bohrrechte könnten zum Preis von 36 Mio. € verkauft werden. Das Unternehmen könnte aber auch mit Kosten von 42 Mio. € selbst bohren und würde für den Fall, dass Öl gefunden wird, Einzahlungen in Höhe von 150 Mio. € erzielen.
    Schließlich könnte die Gesellschaft aber noch ein Geologen-Team mit der Durch-führung eines seismischen Tests beauftragen und die Entscheidung über das Nie-

derbringen der Bohrung oder den Verkauf der Rechte bis zur Vorlage des Gutachtens vertagen. Die seismischen Untersuchungen würden 12 Mio. € kosten. Die Chancen, dass der geologische Test positiv ausfällt, stehen 50 : 50. Aber selbst wenn ein positives Gutachten vorliegt, gibt es keine absolute Sicherheit, dass wirklich Öl gefunden wird. Die Firmenleitung kann sich nur mit 90 % Wahrscheinlichkeit darauf verlassen. Und auch im entgegengesetzten Fall gibt es immer noch eine Chance von 20 %, doch fündig zu werden.

Wenn die Ölgesellschaft ihre Bohrrechte erst nach Durchführung der seismischen Untersuchung verkauft, so hängt der Preis vom Ergebnis der Expertise ab. Im günstigen Fall wird ein Preis von 60 Mio. € erzielt. Im entgegengesetzten Fall würde das Unternehmen nur 18 Mio. € erhalten.

Gehen Sie bei Ihren Überlegungen davon aus, dass alle im Text genannten Preise, Aus- und Einzahlungen auf den Zeitpunkt $t = 0$ abgezinste Barwerte sind.

(a) Angenommen, die Gesellschaft entschließt sich zu bohren, ohne die Ergebnisse des seismischen Tests abzuwarten. Mit welcher Wahrscheinlichkeit kann dann damit gerechnet werden, fündig zu werden?

(b) Beschreiben Sie das vorstehende Entscheidungsproblem mit Hilfe eines Entscheidungsbaums.

(c) Ermitteln Sie, welche Strategie für die Ölgesellschaft optimal ist, wenn diese sich risikoneutral verhält.

(d) Welche Strategie wäre die beste, wenn das Konzept der starren Planung angewandt werden würde?

12. Kovarianz und Korrelation
→ Seite 91

Gegeben sind die Renditeverteilungen zweier Wertpapiere 1 und 2.

s	q_s	r_{1s}	r_{2s}
1	0,5	0,07	0,22
2	0,4	0,11	0,11
3	0,1	0,21	0,06

Berechnen Sie die Kovarianz und den Korrelationskoeffizienten der beiden Renditen.

13. Portfolio mit zwei Wertpapieren
→ Seite 92

Es gibt zwei Wertpapiere 1 und 2 mit den nachstehenden Eigenschaften in Bezug auf Rendite und Risiko.

j	1	2
$E[\tilde{r}_j]$	0,12	0,08
$\sigma[\tilde{r}_j]$	0,05	0,03

Der Korrelationskoeffizient beider Renditen beträgt $\varrho_{12} = 0,2$.

(a) Berechnen Sie Rendite und Risiko folgender Portfolios:

	ω_1	ω_2
Portfolio 1	1,00	0,00
Portfolio 2	0,75	0,25
Portfolio 3	0,50	0,50
Portfolio 4	0,25	0,75
Portfolio 5	0,00	1,00

(b) Jemand hat 70.000 € und die Absicht, sein Geld für die Papiere 1 und 2 so auszugeben, dass das damit verbundene Risiko minimal wird. Wie viel Geld sollte er dann in Papier 1 investieren?

14. Portfolio mit drei Wertpapieren
→ Seite 93

Gegeben sind die drei Wertpapiere 1, 2 und 3 mit den nachstehenden Eigenschaften.

j	1	2	3
$E[\tilde{r}_j]$	0,15	0,20	0,25
$\sigma[\tilde{r}_j]$	0,20	0,30	0,40

Die Korrelationskoeffizienten zwischen den Renditen aller Paare von Wertpapieren sind null.

(a) Berechnen Sie die zu erwartenden Renditen und Risiken (Streuungen) folgender drei Portfolios.

	ω_1	ω_2	ω_3
Portfolio 1	0,0	0,5	0,5
Portfolio 2	0,4	0,0	0,6
Portfolio 3	0,7	0,3	0,0

(b) Ermitteln Sie diejenigen Portfolios, welche die gleichen Renditen besitzen wie die unter 14a genannten, aber ein minimales Risiko aufweisen.

15. Risikominimale Mischung
→ Seite 94

Jemand bietet Ihnen eine Verzinsung Ihres Vermögens von 10 % ohne jedes Risiko. Ist das ein faires Angebot, wenn Sie auch die riskanten Wertpapiere 1 und 2 mit kaufen können und die Kovarianz $Cov[\tilde{r}_1, \tilde{r}_2] = -0,08$ ist?

j	1	2
$E[\tilde{r}_j]$	0,15	0,09
$\sigma[\tilde{r}_j]$	0,40	0,20

16. Naive Diversifikation
→ Seite 95

Gegeben seien die Renditeverteilungen zweier Aktien gemäß nachstehender Tabelle.

	z_1 $q_1 = 0,4$	z_2 $q_2 = 0,2$	z_3 $q_3 = 0,4$
1	0,14	0,02	0,09
2	0,10	0,12	0,06

Berechnen Sie

(a) den Erwartungswert der Rendite beider Wertpapiere,
(b) das Risiko beider Wertpapiere,
(c) die Kovarianz und den Korrelationskoeffizienten zwischen den beiden Verteilungen,
(d) den Erwartungswert der Rendite eines Portfolios, das je zur Hälfte aus den beiden Papieren besteht,
(e) die Streuung der Rendite dieses Portfolios.

17. Ineffizientes Portfolio
→ Seite 96

Zeigen Sie, dass unter den Bedingungen der Aufgabe 16 ein Portfolio nicht optimal sein kann, wenn es zu 20 % aus Aktie 1 und zu 80 % aus Aktie 2 besteht.

18. Anwendung des CAPM
→ Seite 97

Eine Investition verursacht heute eine Anschaffungsauszahlung in Höhe von 100 € und verspricht in einem Jahr erwartete Cashflows in Höhe von 144 €. Das Projekt-Beta wird mit 1,2 veranschlagt. Außerdem wird davon ausgegangen, dass die erwartete Marktrendite mit 9 % anzusetzen ist, während der risikolose Zins bei 5 % liegt. Berechnen Sie den Kapitalwert des Projektes unter der Voraussetzung, dass das CAPM gilt.

19. Investitionsbewertung mit dem CAPM

→ Seite 98

An einem Kapitalmarkt werden ausschließlich drei Wertpapiere gehandelt. Folgende Informationen sind bekannt.

	Anteil am Marktportolio	erwartete Rendite
Wertpapier I	0,3	12 %
Wertpapier II	0,5	10 %
Wertpapier III	0,2	17 %

Der Preis für einen sicheren Euro in $t = 1$ beträgt $0{,}9523 €$.

(a) Welche Betafaktoren weisen die einzelnen Wertpapiere auf? Interpretieren Sie diese.
(b) Welche Rendite verspricht ein Portfolio, wenn $\omega_1 = 30\,\%$ sicher und $\omega_2 = 70\,\%$ in das Marktportfolio investiert wird? Welchen Betafaktor weist dieses Portfolio auf?
(c) Zur Debatte steht ein Investitionsprojekt, dessen Anschaffung 115 € kostet. Der Betafaktor des Projekts betrage 1,3. Für die zustandsabhängigen Cashflows gelten folgende Informationen.

	Zustand 1 $q_1 = 30\,\%$	Zustand 2 $q_2 = 20\,\%$	Zustand 3 $q_3 = 50\,\%$
Cashflows	230	70	150

Soll das Projekt durchgeführt werden?

20. Betafaktoren

→ Seite 99

Im Rahmen des *Capital Asset Pricing Model* spielen so genannte Betafaktoren eine entscheidende Rolle.

(a) Was muss man sich unter einem Betafaktor vorstellen? Erläutern Sie Ihre Antwort mit Hilfe einer Grafik.
(b) Üblicherweise sind Betafaktoren von Unternehmen aus der Versorgungsbranche niedriger als solche aus der HighTech-Branche. Womit ist das zu erklären?
(c) Firmen mit hohem Verschuldungsgrad haben höhere Betafaktoren als solche mit niedrigem Verschuldungsgrad. Worauf führen Sie das zurück?

21. Kovarianzrisiko

→ Seite 100

Man kann behaupten, dass es bei riskanten Entscheidungen vor allem auf das so genannte Kovarianzrisiko (d.h. Korrelations-Aspekte) ankommt. Erklären Sie, warum bei Investitionen unabhängig von der Gültigkeit des CAPM die Varianz weniger wichtig ist als die Kovarianz.

22. Durchschnittliche Kapitalkosten
→ Seite 100

Ein nicht abnutzbares Investitionsprojekt verspricht auf Dauer unsichere Cashflows, deren Erwartungswert vor Abzug von Steuern mit 25.000 € veranschlagt wird. Es wird mit einem Steuersatz von 35 % und einem risikolosen Zinssatz von 4 % gerechnet. Für die Marktrendite werden 10 % erwartet. Bei einer Fremdkapitalquote von 60 % werden das Eigenkapital-Beta mit 1,2 und das Anleihe-Beta mit 0,1 angesetzt.

(a) Ermitteln Sie die durchschnittlichen Kapitalkosten unter der Voraussetzung, dass das CAPM gilt und der Investor die bisherige Kapitalstruktur beibehalten will. Wie groß darf unter diesen Bedingungen die Anschaffungsauszahlung höchstens sein?

(b) Was ändert sich an Ihren Ergebnissen, wenn der Investor beabsichtigt, die Fremdkapitalquote auf 50 % zu senken? Erläutern Sie Ihr Resultat.

23. Anpassungsformel für Beta
→ Seite 102

Ein Unternehmen will eine riskante Investition beurteilen, die eine Auszahlung in Höhe von 1.000 € verursacht und auf Dauer erwartete Einzahlungen in Höhe von 130 € verspricht. Die Verzinsung sicherer Fremdkapitaltitel beträgt 7 %. Die Differenz zwischen der langfristig erwarteten Marktrendite und diesem Zinssatz (so genannte Marktrisikopämie) wird mit 3 % veranschlagt. Das Unternehmen arbeitet bislang mit einem Verschuldungsgrad von 2. Es gehört der High-Tech-Branche an, für die bei diesem Verschuldungsgrad ein equity beta von 1,4 typisch ist. Beantworten Sie vor diesem Hintergrund folgende Fragen.

(a) Wie groß ist das reine Geschäftsrisiko $\beta^{E,u}$, wenn Sie davon ausgehen, dass die Fremdkapitalposition vollkommen sicher ist und Steuern unberücksichtigt bleiben dürfen?

(b) Mit welchem Kalkulationszinssatz müsste gerechnet werden, wenn das Projekt vollständig eigenfinanziert werden würde?

(c) Ermitteln Sie die Kosten des Eigenkapitals unter der Voraussetzung, dass das Unternehmen einen Verschuldungsgrad von 1,5 anstrebt.

(d) Berechnen Sie die durchschnittlichen Kapitalkosten unter der gleichen Voraussetzung. Vergleichen Sie Ihr Ergebnis mit dem Fall der reinen Eigenfinanzierung.

(e) Lohnt sich die geplante Investition unter diesen Umständen?

24. Anpassungsformel für Kapitalkosten

→ Seite 103

Eine Investition mit der Zahlungsreihe $(z_0, \ldots, z_3) = (-100, 30, 60, 40)$ ist in einem Unternehmen zu beurteilen, das mit Eigen- und Fremdkapital finanziert ist. Bei den angegebenen Cashflows handelt es sich um Erwartungswerte. Wäre das Unternehmen vollkommen eigenfinanziert, so würden die Anteilseigner eine Rendite in Höhe von 15 % verlangen. Die Fremdkapitalgeber fordern dagegen nur 10 % Zinsen. Der Investor wird nicht besteuert.

(a) Wie hoch wären in diesem Fall die durchschnittlichen Kapitalkosten beziehungsweise der Kalkulationszinssatz?

(b) Gehen Sie davon aus, dass die Thesen von *Modigliani* und *Miller* gültig sind. Welche Rendite müssten die Kapitaleigner dann verlangen, wenn die Unternehmensleitung langfristig einen Verschuldungsgrad von $\frac{FK}{EK} = 2$ verwirklichen will?

(c) Wie groß wäre der Kapitalwert der Investition unter den genannten Umständen?

25. Durchschnittliche Kapitalkosten

→ Seite 105

Ein Unternehmen ist mit Eigen- und Fremdkapital finanziert. Die Gläubiger verlangen 8 % Zins. Das Unternehmen arbeitet mit einer Eigenkapitalquote von 25 % und beurteilt Investitionen mit durchschnittlichen Kapitalkosten in Höhe von 10 %.

(a) Gehen Sie davon aus, dass die Thesen von *Modigliani* und *Miller* gelten und der Investor nicht besteuert wird. Welche Rendite sollten die Eigenkapitalgeber dann bei dem genannten Verschuldungsgrad fordern?

(b) Würden Sie unter diesen Bedingungen mit durchschnittlichen Kapitalkosten von 10 % arbeiten?

7 Lösungen der Übungsaufgaben

7.1 Wahlentscheidungen (ohne Steuern)

1. **Berechnung des Endvermögens**

$\leftarrow$ Seite 3

Investition C ist nicht finanzierbar, weil sie im Zeitpunkt $t = 1$ zu einem Finanzmitteldefizit in Höhe von 448,50 führt und damit das vorgegebene Limit von 400 überschritten wird. Für die drei anderen Alternativen belaufen sich die erreichbaren Endvermögen auf

$$
\begin{aligned}
\text{Investition A:} \qquad & K_4 & = & \quad 435{,}00 \,, \\
\text{Investition B:} \qquad & K_4 & = & \quad 479{,}07 \quad \text{und} \\
\text{Unterlassungsalternative:} \qquad & K_4 & = & \quad 448{,}21 \,.
\end{aligned}
$$

Daher sollte man sich zu Gunsten von Projekt B entscheiden. Nicht zu investieren ist günstiger als Projekt A. Die vollständigen Finanzpläne sehen so aus wie Tabelle 7.1 zeigt.

2. **Berechnung des Entnahmeniveaus**

$\leftarrow$ Seite 4

Für die Entnahmeniveaus der vier Alternativen erhält man

$$
\begin{aligned}
\text{Investition A:} \qquad & C & = & \quad 81{,}14 \,, \\
\text{Investition B:} \qquad & C & = & \quad 88{,}82 \,, \\
\text{Investition C:} \qquad & C & = & \quad 87{,}55 \quad \text{und} \\
\text{Unterlassungsalternative:} \qquad & C & = & \quad 83{,}67 \,.
\end{aligned}
$$

Projekt B ist wieder das günstigste. Eine geeignete Form der Berechnung des Entnahmeniveaus wird anschließend am Beispiel der Investition A gezeigt.

(a) 1. Versuch: $C_{(1)} = 75$

Bei diesem Versuch ergibt sich ein Endvermögen von 435,00 (vgl. dazu die Lösung von Aufgabe 1). Angestrebt wird jedoch ein Endvermögen von $K_4 = 400$. Das Entnahmeniveau ist also zu niedrig gewählt.

(b) 2. Versuch: $C_{(2)} = 100$

Die Endwertberechnung ergibt

$$
\begin{aligned}
K_{0,2} &= 500 - 100 - 800 = -400{,}00 \\
K_{1,2} &= -200 - 100 + 600 - 1{,}1 \cdot 400 = -140{,}00 \\
K_{2,2} &= 20 - 100 + 200 - 1{,}1 \cdot 140 = 34{,}00 \\
K_{3,2} &= 150 - 100 + 150 + 1{,}05 \cdot 34 = 162{,}60 \\
K_{4,2} &= 300 - 100 - 80 + 1{,}05 \cdot 162{,}60 = 290{,}73 \,.
\end{aligned}
$$

https://doi.org/10.1515/9783110609578-007

Tab. 7.1: Vollständige Finanzpläne (Vermögensstreben)

Zeitpunkt t	0	1	2	3	4
Basiszahlungen	500,00	−200,00	20,00	150,00	300,00
Investition A	−800,00	600,00	200,00	150,00	−80,00
	375,00	−412,50			
		87,50	−96,25		
			−48,75	51,19	
				−276,19	290,00
Entnahmen	75,00	75,00	75,00	75,00	75,00
Endvermögen					435,00
Basiszahlungen	500,00	−200,00	20,00	150,00	300,00
Investition B	−700,00	300,00	400,00	30,00	100,00
	275,00	−302,50			
		277,50	−305,25		
			−39,75	41,74	
				−146,74	154,07
Entnahmen	75,00	75,00	75,00	75,00	75,00
Endvermögen					479,07
Basiszahlungen	500,00	−200,00	20,00	150,00	300,00
Unterlassungsalternative	0,00	0,00	0,00	0,00	0,00
	−425,00	450,50			
		−175,50	186,03		
			−131,03	137,58	
				−212,58	223,21
Entnahmen	75,00	75,00	75,00	75,00	75,00
Endvermögen					448,21

Das Endvermögen ist zu niedrig, $C_{(2)}$ zu hoch. Lineare Interpolation mit Hilfe von

$$C_{k+1} = \overline{C}_k + \frac{K_T - K_T(\overline{C}_k)}{K_T(\underline{C}_k) - K_T(\overline{C}_k)} \cdot (\underline{C}_k - \overline{C}_k)$$

ergibt

$$C_{(3)} = 75 + \frac{400 - 435,00}{290,73 - 435,00} \cdot (100 - 75) = 81,07 \,.$$

(c) 3. Versuch: $C_{(3)} = 81,07$

$$K_{0,3} = 500 - 81,07 - 800 = -381,07$$

$$K_{1,3} = -200 - 81,07 + 600 - 1,1 \cdot 381,07 = -100,25$$

$$K_{2,3} = 20 - 81,07 + 200 - 1,1 \cdot 100,25 = 28,66$$

$$K_{3,3} = 150 - 81,07 + 150 + 1,05 \cdot 28,66 = 249,02$$

$$K_{4,3} = 300 - 81,07 - 80 + 1,05 \cdot 249,02 = 400,40 \,.$$

Es empfiehlt sich, noch eine weitere Verbesserung vorzunehmen. Jetzt ergibt sich

$$C_{(4)} = 81{,}07 + \frac{400 - 400{,}40}{290{,}73 - 400{,}40} \cdot (100 - 81{,}07) = 81{,}14\,.$$

(d) 4. Versuch: $C_{(4)} = 81{,}14$

$$K_{0,3} = 500 - 81{,}14 - 800 = -381{,}14$$
$$K_{1,3} = -200 - 81{,}14 + 600 - 1{,}1 \cdot 381{,}14 = -100{,}39$$
$$K_{2,3} = 20 - 81{,}14 + 200 - 1{,}1 \cdot 100{,}39 = 28{,}43$$
$$K_{3,3} = 150 - 81{,}14 + 150 + 1{,}05 \cdot 28{,}43 = 248{,}71$$
$$K_{4,3} = 300 - 81{,}14 - 80 + 1{,}05 \cdot 248{,}71 = 400{,}00\,.$$

$C_{(4)}$ ist die gesuchte Lösung für Investition A.

3. **Berechnung einer Entschädigung**

← Seite 4

(a) Wenn sich der Investor für den Verzicht auf Investition B von seinem Konkurrenten entschädigen lässt, so hat das für ihn folgende finanzielle Konsequenzen: Anstelle der Zahlungsreihe

$$-700 \quad 300 \quad 400 \quad 30 \quad 100$$

realisiert er die Zahlungsreihe

$$x \quad 0 \quad 0 \quad 0 \quad 0\,,$$

wobei x der Preis für den Verzicht auf die Durchführung der Investition ist. Vernünftigerweise geht der Investor auf das Entschädigungsangebot nur dann ein, wenn die an zweiter Stelle genannte Zahlungsreihe zu demselben Endvermögen $K_4 = 479{,}07$ führt wie die Zahlungsreihe der Investition B.
Um x zu berechnen, kann man entweder die Methode des „intelligenten Probierens" anwenden oder auf die allgemeinen Rechenregeln zur Ermittlung des Entnahmeniveaus zurückgreifen. Will man diesen zweiten Weg gehen, so empfehlen sich die folgenden Schritte:

– Einfügen einer leeren Investitionszahlungsreihe $(z_0, \ldots, z_4) = (0, 0, 0, 0, 0)$.

– Deutung der Entschädigung als negative Entnahme mit der Zeitstruktur

$$C_0^* = -x$$
$$C_1^* = C_2^* = C_3^* = C_4^* = 0\,.$$

– Schließlich sind noch die Basiszahlungen neu zu definieren, indem die
   ursprünglichen Basiszahlungen um die Entnahmen des Investors vermindert werden, also

$$M_0^* = M_0 - C_0 = 500 - 75 = 425$$
$$M_1^* = M_1 - C_1 = -200 - 75 = -275$$
$$M_2^* = M_2 - C_2 = 20 - 75 = -55$$
$$M_3^* = M_3 - C_3 = 150 - 75 = 75$$
$$M_4^* = M_4 - C_4 = 300 - 75 = 225.$$

Damit sind alle Vorbereitungen zur Berechnung der notwendigen Entschädigungszahlungen (mit Hilfe der Rechenregeln zur Ermittlung des Entnahmeniveaus) getroffen. Man erhält $x = -C_0^* = 24{,}91$. Das Berechnungsverfahren
im Einzelnen:

– 1. Versuch: $C_{0(1)}^* = -20$

$$K_{0,1} = M_0^* - C_{0(1)}^*$$
$$= 425 + 20 = 445$$
$$K_{1,1} = M_1^* - C_{1(1)}^* + (1 + h_1) K_{0,1}$$
$$= -275 - 0 + 1{,}06 \cdot 445 = 196{,}70$$
$$K_{2,1} = M_2^* - C_{2(1)}^* + (1 + h_2) K_{1,1}$$
$$= -55 - 0 + 1{,}06 \cdot 196{,}70 = 153{,}50$$
$$K_{3,1} = M_3^* - C_{3(1)}^* + (1 + h_3) K_{2,1}$$
$$= 75 - 0 + 1{,}05 \cdot 153{,}50 = 236{,}18$$
$$K_{4,1} = M_4^* - C_{4(1)}^* + (1 + h_4) K_{3,1}$$
$$= 225 - 0 + 1{,}05 \cdot 236{,}18 = 472{,}99$$

– 2. Versuch: $C_{0(2)} = -30$

$$K_{0,1} = 425 + 30 = 455$$
$$K_{1,1} = -275 - 0 + 1{,}06 \cdot 455 = 207{,}30$$
$$K_{2,1} = -55 - 0 + 1{,}06 \cdot 207{,}30 = 164{,}74$$
$$K_{3,1} = 75 - 0 + 1{,}05 \cdot 164{,}74 = 247{,}97$$
$$K_{4,1} = 225 - 0 + 1{,}05 \cdot 247{,}97 = 485{,}37$$

Interpolation ergibt

$$C_{0(3)}^* = -20 + \frac{479{,}07 - 472{,}99}{485{,}37 - 472{,}99} \cdot (-30 + 20) = -24{,}91 \,.$$

Der Leser möge selbst zeigen, dass mit dieser Entschädigung (= negativen Entnahme) das für Investition B charakteristische Endvermögen in Höhe von 479,07 erzielt wird.

(b) Der einzige Unterschied zur vorigen Aufgabe ist die Zeitstruktur der negativen Entnahmen. Jetzt gilt

$$C_0^* = C_1^* = -x$$
$$C_2^* = C_3^* = C_4^* = 0\,,$$

und man erhält für die beiden Entschädigungsraten

$$C_0^* = C_1^* = -12{,}82\,.$$

(c) Für die Zeitstruktur der Entschädigungszahlungen gilt wie oben unter Aufgabe 3a

$$C_0^* = -x$$
$$C_1^* = C_2^* = C_3^* = C_4^* = 0\,.$$

Die modifizierten Basiszahlungen sind bei Entnahmemaximierung in Bezug auf ein mit $K_T = 400$ fixiertes Endvermögen

$$M_0^* = M_0 - f_0 C = 500 - 88{,}82 = 411{,}18$$
$$M_1^* = M_1 - f_1 C = -200 - 88{,}82 = -288{,}82$$
$$M_2^* = M_2 - f_2 C = 20 - 88{,}82 = -68{,}82$$
$$M_3^* = M_3 - f_3 C = 150 - 88{,}82 = 61{,}18$$
$$M_4^* = M_4 - f_4 C = 300 - 88{,}82 = 211{,}18\,.$$

Der Preis für den Verzicht auf Investition B ergibt sich unter diesen Bedingungen mit

$$C_0^* = -23{,}11\,.$$

4. **Investitionsentscheidung bei unterschiedlicher Zielsetzung**
   ← Seite 4

(a) Die erste Frage lässt sich mit Hilfe der allgemeinen Rechenregeln für den Fall des Vermögensstrebens leicht beantworten. Man erhält folgende Ergebnisse:

$$K_0 = 40 - 25 + 0 = 15{,}00$$
$$K_1 = -10 - 25 + 0 + 1{,}05 \cdot 15{,}00 = -19{,}25$$
$$K_2 = 250 - 25 + 0 - 1{,}15 \cdot 19{,}25 = 202{,}86$$
$$K_3 = 130 - 25 + 0 + 1{,}05 \cdot 202{,}86 = 318{,}01\,.$$

Mit der Unterlassungsalternative erreicht man also ein Endvermögen von 318,01. Jede Investition, die nicht mindestens auf diesen Wert führt, ist demnach abzulehnen.

(b) Bei geänderter Zielsetzung – Einkommensmaximierung bei Vorgabe eines Endvermögens in Höhe von $K_3 = 250$ – ist jede Investition ungünstig, die nicht ein Mindesteinkommensniveau von $C = 40,03$ verspricht, denn man erhält mit der Unterlassungsalternative

$$K_0 = 40 - 40,03 + 0 = -0,03$$
$$K_1 = -10 - 40,03 + 0 - 1,15 \cdot 0,03 = -50,06$$
$$K_2 = 250 - 40,03 + 0 - 1,15 \cdot 50,06 = 152,41$$
$$K_3 = 130 - 40,03 + 0 + 1,05 \cdot 152,41 = 250,00 \,.$$

5. Endwert- und Entnahmemodell

← Seite 5

Die Konstruktion solcher konfliktträchtigen Beispiele ist nicht einfach. Je kleiner der Unterschied zwischen Soll- und Haben-Zinssatz ist, umso unwahrscheinlicher sind Konflikte. Ein Beispiel mit einer Planungsperiode von einem Jahr ist in Tabelle 7.2 angegeben.

Tab. 7.2: Konflikt zwischen Vermögens- und Einkommensstreben

Zeitpunkt t	0	1
Basiszahlungen	140	0
Investition A	−100	118
Investition B	−120	140
Soll-Zinssatz	14 %	
Haben-Zinssatz	6 %	

- Betreibt der Investor Vermögensmaximierung mit einem fixierten Entnahmeniveau von $C = 10$, so ist Projekt B günstiger als A, denn

$$K_{1,A} = 139,8 < K_{1,B} = 140,6 \,.$$

- Strebt der Investor dagegen nach maximalen Entnahmen bei einem auf $K_1 = 70$ fixierten Endvermögen, so ist Investition A vorzuziehen, denn

$$C_A = 43,74 > C_B = 43,66 \,.$$

6. **Berechnung Kapitalwert, Entnahmeniveau und Endvermögen**
   ← Seite 5

   (a) Projekt B ist wegen

   $$NPV_A = 330{,}13 \qquad \text{und} \qquad NPV_B = 340{,}92$$

   vorteilhafter.

   (b) Die Entnahme bei Verzicht auf Investitionen ergibt sich aus

   $$C = \frac{\sum_{t=0}^{T} M_t \, (1+i)^{T-t} - K_T}{\sum_{t=0}^{T} (1+i)^{T-t}}$$

   und mit den Zahlen des vorliegenden Beispiels

   $$C = \frac{1.561{,}84 - 900}{8{,}92} = 74{,}17 \, .$$

   (c) Das Endvermögen lässt sich mit Hilfe von

   $$K_T = (1+i)^T \cdot \left(\sum_{t=0}^{T} (M_t - C_t) \, (1+i)^{-t} + NPV \right)$$

   berechnen. Mit den Zahlen für Investition A ergibt sich hier

   $$K_T = 1{,}5869 \cdot (759{,}31 + 330{,}13) = 1.728{,}80 \, .$$

7. **Investitionsentscheidung bei nicht-flacher Zinskurve**
   ← Seite 5

   (a) Unter Verwendung von Kassazinssätzen berechnet man den Kapitalwert mit Hilfe von

   $$NPV = z_0 + \sum_{t=1}^{T} z_t \cdot (1 + i_{0,t})^{-t} \, .$$

   Einsetzen der relevanten Daten führt auf

   $$NPV_A = -100 + \frac{20}{1{,}050} + \frac{30}{1{,}145} + \frac{40}{1{,}260} + \frac{50}{1{,}412} = 12{,}43$$

   $$NPV_B = 10{,}68 \, .$$

   Projekt A ist günstiger.

   (b) Auf einem arbitragefreien Markt muss gelten, dass
   - jemand, der sein Geld zwei Jahre zum Kassazinssatz $i_{0,2}$ anlegt, dasselbe Endkapital erreicht wie
   - jemand, der sein Geld ein Jahr lang zum Kassazinssatz $i_{0,1}$ und ein weiteres Jahr zum Terminzinssatz $i_{1,2}$ investiert.

Daraus folgt

$$(1 + i_{0,1}) \cdot (1 + i_{1,2}) = (1 + i_{0,2})^2$$

$$i_{1,2} = \frac{(1 + i_{0,2})^2}{1 + i_{0,1}} - 1$$

$$= \frac{1{,}07^2}{1{,}05} - 1 = 9{,}04\,\%.$$

8. Kapitalwert- versus Annuitätenmethode

← Seite 6

Von Risiken abgesehen können sich die Zahlungsreihen zweier miteinander konkurrierender Investitionen in Bezug auf

– Breite,
– Dauer und
– zeitliche Struktur

voneinander unterscheiden. Das gilt auch für Zahlungsreihen, die die Konsumentnahmen beschreiben, welche durch eine Investition ermöglicht werden. Zwei (Entnahme-)Zahlungsreihen sind nur dann ohne Weiteres miteinander vergleichbar, wenn sie sich in nicht mehr als einem der drei oben genannten Merkmale voneinander unterscheiden.

Wer die Annuitätenmethode anwendet, rechnet aus, wie hoch die nachschüssige Rente ist, die der Investor zusätzlich entnehmen kann, wenn er die Investition realisiert. Renten sind konstante Zahlungsströme, die sich voneinander nur in Bezug auf ihre Breite und Dauer unterscheiden können.

Um die miteinander konkurrierenden Projekte miteinander vergleichen zu können, sind Rentenströme gleicher Dauer zu berechnen und anschließend in Bezug auf ihre Breite zu vergleichen (die höhere Rente ist attraktiver), oder es sind Rentenströme mit gleicher Breite zu berechnen und anschließend in Bezug auf ihre Dauer zu vergleichen (der längere Rentenstrom verdient den Vorzug).

Gegen diese Prinzipien wird verstoßen, wenn man die Annuitätenmethode anwendet, indem man die Kapitalwerte zweier miteinander konkurrierender Projekte mit nicht-identischen Annuitätenfaktoren multipliziert.

9. Berechnung des Endvermögens

← Seite 6

Der Endwert der vorschüssigen Rente beträgt

$$K_{16} = 1{,}075 \cdot \frac{1{,}075^{16} - 1}{0{,}075} \cdot 1.200 = 37.509{,}64\,\text{€}.$$

10. Berechnung einer jährlichen Rate

← Seite 6

Es ist die Rente zu berechnen, die zu einem vorgegebenen Endwert führt. Bei vorschüssiger Zahlweise heißt es

$$80.000 = 1,05 \cdot \frac{1,05^{10} - 1}{0,05} \cdot R \qquad \text{oder}$$

$$R = \frac{80.000 \cdot 0,05}{1,05 \cdot (1,05^{10} - 1)} = 6.057,49 \, \text{€}.$$

11. Berechnung des Barwerts einer ewigen Rente

← Seite 6

(a) Ermittelt man den Barwert einer ewigen vorschüssigen Rente, so ergibt sich

$$PV = (1 + i) \cdot \frac{R}{i}$$

$$= 1,055 \cdot \frac{15.000}{0,055} = 287.727,27 \, \text{€}.$$

(b) Für eine nachschüssige Rente dagegen erhält man

$$PV = \frac{R}{i}$$

$$= \frac{15.000}{0,055} = 272.727,27 \, \text{€}.$$

In beiden Fällen werden auf Dauer 15.000 € je Jahr gezahlt. Bei vorschüssiger Rentenzahlung beginnt der Prozess jedoch genau ein Jahr früher. Deswegen muss der Barwert der vorschüssigen Rente auch exakt um den Faktor $(1 + i)$ höher sein als der Barwert der nachschüssigen Rente.

12. Berechnung des Zinssatzes

← Seite 6

Es ist die Gleichung

$$100 \cdot (1 + i)^{10} = 200$$

anzusetzen und nach i aufzulösen. Das Ergebnis ist

$$i = \sqrt[10]{2} - 1 = 7,18\,\%.$$

13. Berechnung eines Kontostands

← Seite 7

Als einheitlicher Bezugszeitpunkt für alle Einzahlungen wird der 01.01.01 gewählt. Die Einzahlung von 10.000 € hat, bezogen auf diesen Zeitpunkt, trivialerweise einen Wert von 10.000 €. Die jährlichen Zahlungen von 4.000 € vom

01.01.02 bis zum 01.01.16 stellen aus der Sicht des 01.01.01 eine fünfzehnmal gezahlte nachschüssige Rente mit dem Barwert

$$PV = \frac{(1+i)^n - 1}{i \cdot (1+i)^n} \cdot R$$

$$= \frac{1{,}04^{15} - 1}{0{,}04 \cdot 1{,}04^{15}} \cdot 4.000 = 44.473{,}55 \,€$$

dar. Der Barwert aller Einzahlungen, bezogen auf den 01.01.01, beläuft sich daher auf 54.473,55 €. Gefragt ist nun nach dem Wert dieses Kapitals, wenn es 19 Jahre lang (bis zum 01.01.20) zu 4 % angelegt wird. Die Antwort ergibt sich mit

$$54.473{,}55 \cdot 1{,}04^{19} = 114.767{,}55 \,€.$$

14. Berechnung einer vorschüssigen Rente
← Seite 7

Als einheitlicher Bezugszeitpunkt für alle Einzahlungen wird der 01.01.01 gewählt. Die Zahlungen, welche der Vater seinen Kindern zukommen lassen will, haben, wenn sie auf diesen Zeitpunkt diskontiert werden, einen Wert von

$$25.000 \cdot 1{,}065^{-16} + 25.000 \cdot 1{,}065^{-19} + 25.000 \cdot 1{,}065^{-21} = 23.345{,}38 \,€.$$

Der Vater ist bereit, dreizehnmal eine vorschüssige Rente R zu zahlen, die den gleichen Barwert haben muss. Daher:

$$(1+i) \cdot \frac{(1+i)^n - 1}{i \cdot (1+i)^n} \cdot R = 23.345{,}38$$

$$1{,}065 \cdot \frac{1{,}065^{13} - 1}{0{,}065 \cdot 1{,}065^{13}} \cdot R = 23.345{,}38 \,.$$

Auflösen ergibt

$$R = 2.548{,}98 \,€.$$

Soviel muss der Vater regelmäßig einzahlen, damit er seinen Kindern die gewünschten Beträge schenken kann.

15. Laufzeitberechnung
← Seite 7

Legt jemand 10.000 € zu $i = 6 \%$ an, so besitzt er nach n Jahren ein Vermögen in Höhe von

$$1{,}06^n \cdot 10.000 \,.$$

Wenn man aus diesem Vermögen viermal eine nachschüssige Rente in Höhe von 4.339,35 € zahlen will, so muss es dem Barwert der nachschüssigen Rente entsprechen, also

$$\frac{1{,}06^4 - 1}{0{,}06 \cdot 1{,}06^4} \cdot 4.339{,}35 = 1{,}06^n \cdot 10.000 \,.$$

Auflösen nach $1,06^n$ ergibt

$$1,06^n = 1,503631\,.$$

Logarithmieren führt auf

$$n \cdot \ln 1,06 = \ln 1,503631 \qquad \text{und}$$

$$n = \frac{\ln 1,503631}{\ln 1,06} = 7\,.$$

Die 10.000 € sind also sieben Jahre lang anzulegen, damit die Rente in Höhe von 4.339,35 € vier Jahre lang gezahlt werden kann.

16. **Berechnung einer Annuität**

    ← Seite 7

    Es ist die nachschüssige Rente zu berechnen, die einem Barwert in Höhe der gegenwärtigen Schuld von 100.000 € entspricht. Daher

$$PV = \frac{(1+i)^T - 1}{i \cdot (1+i)^T} \cdot R$$

$$100.000 = \frac{1,07^5 - 1}{0,07 \cdot 1,07^5} \cdot R \qquad \text{oder}$$

$$R = \frac{100.000 \cdot 0,07 \cdot 1,07^5}{1,07^5 - 1} = 24.389,07\ \text{€}\,.$$

Der entsprechende Tilgungsplan ist in Tabelle 7.3 angegeben.

Tab. 7.3: Annuitätischer Tilgungsplan

Jahr	Schuld am Jahresanfang	Zinsen	Tilgung	Annuität
1	100.000,00	7.000,00	17.389,07	24.389,07
2	82.610,93	5.782,77	18.606,30	24.389,07
3	64.004,63	4.480,32	19.908,75	24.389,07
4	44.095,88	3.086,71	21.302,36	24.389,07
5	22.793,52	1.595,55	22.793,52	24.389,07

17. Aufstellung eines annuitätischen Tilgungsplans
← Seite 7

Bezeichnet man die Annuitäten des hier gesuchten Tilgungsplans mit A_t, so gilt zunächst

$$PV = \sum_{t=1}^{T} A_t (1 + i)^{-t}.$$

Nutzt man die Tatsache, dass $A_2 = A_3 = \ldots = A_n = A$ ist, und die weitere Tatsache, dass $A_1 = 0{,}5A$ sein soll, so kann man auch

$$PV = 0{,}5A(1 + i)^{-1} + A \sum_{t=2}^{T} (1 + i)^{-t}$$

schreiben. Auflösen nach A ergibt

$$A = \frac{PV}{0{,}5 (1 + i)^{-1} + \sum_{t=2}^{n} (1 + i)^{-t}}.$$

Mit den Zahlen des Beispiels beläuft sich der Nenner auf

$$0{,}5 \cdot 1{,}07^{-1} + 1{,}07^{-2} + 1{,}07^{-3} + 1{,}07^{-4} + 1{,}07^{-5} = 3{,}63291 \,,$$

woraus man das Annuitätenniveau mit

$$A = \frac{100.000}{3{,}63291} = 27.526{,}16 \, €$$

gewinnt. Tabelle 7.4 enthält den daraus resultierenden Tilgungsplan.

Tab. 7.4: Modifizierter annuitätischer Tilgungsplan

Jahr	Schuld am Jahresanfang	Zinsen	Tilgung	Annuität
1	100.000,00	7.000,00	6.763,08	13.763,08
2	93.236,92	6.526,58	20.999,58	27.526,16
3	72.237,34	5.056,61	22.469,55	27.526,16
4	49.767,80	3.483,75	24.042,41	27.526,16
5	25.725,38	1.800,78	25.725,38	27.526,16

18. Berechnung eines kritischen Zinssatzes
← Seite 7

Der Endwert einer nachschüssigen Rente beläuft sich nach 10 Jahren auf

$$R \cdot \frac{(1 + i)^{10} - 1}{i} \,.$$

Im gleichen Zeitpunkt beträgt der Barwert einer dann beginnenden nachschüssigen ewigen Rente

$$R \cdot \frac{1}{i} \, .$$

Damit jemand das Angebot unterbreiten kann, muss der Zinssatz i die geeignete Höhe besitzen. Um den Zinssatz zu ermitteln, sind der Endwert der zehnmaligen Einzahlungsrente und der Barwert der ewigen Auszahlungsrente gleichzusetzen,

$$R \cdot \frac{(1+i)^{10} - 1}{i} = \frac{R}{i} \, .$$

Auflösen nach i ergibt

$$i = \sqrt[10]{2} - 1 = 7{,}18\,\% .$$

Dieser Zinssatz führt nach zehn Jahren zu einem Endwert von

$$1.000 \cdot \frac{1{,}0718^{10} - 1}{0{,}0718} = 13.932{,}73 \, \text{€}.$$

Aus diesem Kapital lässt sich ewig eine Rente von

$$0{,}0718 \cdot 13.932{,}73 = 1.000 \, \text{€}$$

zahlen, falls der Verwalter des Kapitals dauerhaft 7,18 % Zinsen erhält.

19. **Barwertberechnung eines zinslosen Kredits**

← Seite 7

(a) Ob 1.000 € in bar oder der zinslose Kredit günstiger ist, hängt vom Marktzins ab, über dessen Höhe in der Aufgabe nichts gesagt ist. Infolgedessen muss eine Annahme über die Höhe des Zinses getroffen werden. Unterstellt man $i = 6\,\%$, so beläuft sich der Barwert des zinslosen Kredits auf

$$NPV = 7.000 - \sum_{t=1}^{7} 1.000 \cdot 1{,}06^{-t} = 1.417{,}62 \, .$$

Das ist mehr als 1.000 €. Daher sollte man sich für den zinslosen Kredit entscheiden.

(b) Ist der Marktzins kleiner als 6 %, so nimmt die Überlegenheit des zinslosen Kredits tendenziell ab. Um den Zinssatz zu bestimmen, bei dem die Entscheidung gerade „umkippt", ist die Gleichung

$$7.000 - \sum_{t=1}^{7} 1.000 \cdot (1+i)^{-t} = 1.000$$

oder

$$6.000 - \sum_{t=1}^{7} 1.000 \cdot (1+i)^{-t} = 0$$

zu lösen. Formal handelt es sich bei diesem Problem um nichts anderes als um die Berechnung eines internen Zinssatzes. Der kritische Zinssatz ist $i = 4{,}01\,\%$.

20. Verwendung langfristiger Zinssätze
← Seite 8

Langfristige Sachinvestitionen haben sicherlich keine kurze Nutzungsdauern. Sie verursachen Ein- und Auszahlungen aber nicht nur in ferner Zukunft, sondern auch kurz- und mittelfristig. Daher ist es nicht allzu überzeugend, die kurz- und mittelfristigen Zahlungen mit langfristigen Zinssätzen zu diskontieren.

21. Berechnung von Kassa- und Terminzinssätzen
← Seite 8

(a) Man berechnet den Kassa-Zinssatz grundsätzlich aus

$$i_{0,t} = \sqrt[t]{\frac{B_t}{B_0}} - 1.$$

Hieraus ermittelt man für die vierjährige Anleihe

$$i_{0,4} = \sqrt[4]{\frac{1.000}{777}} - 1 = 6,511\,\%$$

und für den Zero Bond mit dreijähriger Laufzeit

$$i_{0,3} = \sqrt[3]{\frac{1.000}{840}} - 1 = 5,984\,\%.$$

(b) Für den impliziten Terminzinssatz $i_{3,4}$ gilt

$$(1 + i_{0,3})^3 \cdot (1 + i_{3,4})^1 = (1 + i_{0,4})^4.$$

Auflösen nach dem gesuchten Zinssatz führt auf

$$i_{3,4} = \frac{(1 + i_{0,4})^4}{(1 + i_{0,3})^3} - 1 = 8,108\,\%.$$

22. Effektiv-, Kassa- und Terminzinssätze
← Seite 8

(a) Die Effektivrendite der Kuponanleihe i_3 ist derjenige Zinssatz, bei dem die Gleichung

$$106 = \frac{8,75}{(1 + i_3)^1} + \frac{8,75}{(1 + i_3)^2} + \frac{108,75}{(1 + i_3)^3}$$

erfüllt ist. Zieht man auf beiden Seiten den gegenwärtigen Preis der Anleihe ab, so erhält man

$$f(i_3) = -106 + \frac{8,75}{(1 + i_3)^1} + \frac{8,75}{(1 + i_3)^2} + \frac{108,75}{(1 + i_3)^3} = 0.$$

Um die Nullstelle dieser Funktion zu bestimmen, verwendet man zweckmäßigerweise das *Newtonsche* Iterationsverfahren, mit dem sich der Zinssatz über

$$i_{3,k+1} = i_{3,k} - \frac{f(i_{3,k})}{f'(i_{3,k})}$$

beliebig genau annähern lässt. Um das auswerten zu können, wird die erste Ableitung der Funktion benötigt, welche sich hier zu

$$f'(i_3) = -\frac{1 \cdot 8{,}75}{(1+i_3)^2} - \frac{2 \cdot 8{,}75}{(1+i_3)^3} - \frac{3 \cdot 108{,}75}{(1+i_3)^4}$$

ergibt. Startet man das Approximationsverfahren mit dem Nominalzinssatz, so erhält man die in nachstehender Tabelle angegebenen Resultate.

k	$i_{3,k}$	$f(i_{3,k})$	$f'(i_{3,k})$
0	0,08750	−6,00	−254,26
1	0,06390	0,26	−276,91
2	0,06485	0,00	−275,95
3	0,06485	0,00	−275,95

Behandelt man diese und die beiden Anleihen nach dem gleichen Verfahren und beschränkt sich bei der Ermittlung des Effektivzinssatzes auf zwei Nachkommastellen, so erhält man $i_1 = 6{,}00\,\%$, $i_2 = 6{,}29\,\%$ und $i_3 = 6{,}49\,\%$.

(b) Um die Preise der reinen Wertpapiere (= Diskontierungsfaktoren) zu ermitteln, stellt man das inhomogene lineare Gleichungssystem

$$
\begin{aligned}
8{,}750\,\pi_1 &+ 8{,}750\,\pi_2 &+ 108{,}750\,\pi_3 &= 106{,}00 \\
6{,}125\,\pi_1 &+ 106{,}125\,\pi_2 &+ 0{,}000\,\pi_3 &= 99{,}70 \\
10.000{,}000\,\pi_1 &+ 0{,}000\,\pi_2 &+ 0{,}000\,\pi_3 &= 9.434{,}00
\end{aligned}
$$

auf, das sich wegen der dreieckigen Koeffizientenmatrix leicht lösen lässt. Man erhält $\pi_1 = 0{,}9434$, $\pi_2 = 0{,}8850$ und $\pi_3 = 0{,}8276$.
Aus diesen Zahlen leitet man mit

$$i_{0,t} = \sqrt[t]{\frac{1}{\pi_t}} - 1$$

die Kassa-Zinssätze ab. Sie ergeben sich zu $i_{0,1} = 6{,}00\,\%$, $i_{0,2} = 6{,}30\,\%$ und $i_{0,3} = 6{,}51\,\%$.

(c) Verwendet man Effektivzinssätze als Kalkulationszinssätze, um den Kapitalwert zu berechnen, so erhält man

$$NPV = -100 + \frac{40}{1{,}0600} + \frac{60}{1{,}0629^2} + \frac{70}{1{,}0649^3} = 48{,}82.$$

Geht man dagegen den methodisch besseren Weg über Preise reiner Wertpapiere oder Kassa-Zinssätze, so lautet das Ergebnis

$$NPV = -100 + 40 \cdot 0{,}9434 + 60 \cdot 0{,}8850 + 70 \cdot 0{,}8276$$

$$= -100 + \frac{40}{1{,}0600} + \frac{60}{1{,}0631^2} + \frac{70}{1{,}0651^3} = 48{,}77.$$

Der Unterschied ist verhältnismäßig unbedeutend. Er ist damit zu erklären, dass man es in dem Beispiel mit einer steigenden Zinskurve (d.h. Kassa-Zinssätze in Abhängigkeit von der Laufzeit) zu tun hat, die durch die Renditekurve (d.h. Effektivzinssätze in Abhängigkeit von der Laufzeit) nicht korrekt wiedergegeben wird. Bei der Ermittlung der Effektivzinsen bedient man sich eines Rechenmodells, das flache Zins- oder Renditekurven voraussetzt. Hieraus resultiert ein systematischer Fehler, der in der Finanzierungslehre als Kuponeffekt bezeichnet wird.

(d) Für den impliziten Termin-Zinssatz $i_{1,3}$ muss

$$(1 + i_{0,1})^1 \cdot (1 + i_{1,3})^2 = (1 + i_{0,3})^3$$

gelten. Auflösen nach dem gesuchten Termin-Zinssatz ergibt

$$i_{1,3} = \sqrt[2]{\frac{(1 + i_{0,3})^3}{(1 + i_{0,1})^1}} - 1 = 6{,}77\,\%.$$

Einfacher käme man über

$$i_{1,3} = \sqrt[3-1]{\frac{\pi_1}{\pi_3}} - 1$$

zum selben Resultat.

23. Berechnung interner Zinssätze
← Seite 9

Die Berechnung interner Zinssätze ist sehr einfach, wenn die Zahlungsreihe der Investition nur eine Auszahlung ($z_0 < 0$) und eine Einzahlung ($z_n > 0$) aufweist. Der Kapitalwert lässt sich in diesem reduzierten Fall in der Form

$$NPV = z_0 + z_n \cdot (1 + r)^{-n}$$

schreiben. Um den internen Zinssatz zu berechnen, ist der Kapitalwert null zu setzen,

$$z_0 + z_n \cdot (1 + r)^{-n} = 0.$$

Multipliziert man mit $(1 + r)^n$, so entsteht

$$z_0 \cdot (1 + r)^n = -z_n.$$

Division durch z_0, Radizieren und Auflösen nach r ergibt

$$r = \sqrt[n]{-\frac{z_n}{z_0}} - 1 \, .$$

Für die einzelnen Projekte erhält man daher

$$r_A = \sqrt[1]{\frac{116}{100}} - 1 = 0{,}1600$$

$$r_B = \sqrt[2]{\frac{132}{100}} - 1 = 0{,}1489$$

$$r_C = \sqrt[3]{\frac{144}{100}} - 1 = 0{,}1292$$

$$r_D = \sqrt[4]{\frac{175}{100}} - 1 = 0{,}1502$$

$$r_E = \sqrt[5]{\frac{229}{100}} - 1 = 0{,}1802 \, .$$

24. Interner Zinssatz mit Näherungsverfahren
← Seite 9

Will man einen beliebigen Lösungswert für den internen Zinssatz r_k nach der *Newton*-Methode verbessern, so ist die Rechenvorschrift

$$r_{k+1} = r_k - \frac{NPV(r_k)}{NPV'(r_k)}$$

so oft zu benutzen, bis ein gewünschter Grad von Genauigkeit erreicht ist. Im vorliegenden Fall erhält man, wenn man sich auf eine Genauigkeit von vier Dezimalstellen beschränkt,

$$r_A = 0{,}0544 \quad r_B = 0{,}1857 \quad r_C = 0{,}0547 \quad r_D = 0{,}1621 \, .$$

Am Beispiel der Investition B sei die Vorgehensweise im Einzelnen nachvollzogen. Ihre Kapitalwertfunktion lautet

$$NPV(r) = -100 + 20\,(1+r)^{-1} + 80\,(1+r)^{-2} + 10\,(1+r)^{-3} + 40\,(1+r)^{-4} \, ,$$

und die erste Ableitung dieser Funktion heißt

$$NPV'(r) = -20\,(1+r)^{-2} - 160\,(1+r)^{-3} - 30\,(1+r)^{-4} - 160\,(1+r)^{-5} \, .$$

Beginnt man mit einem ersten Versuchswert von $r_0 = 0{,}1$, so erhält man bei fortlaufender Anwendung von *Newtons* Iterationsverfahren die in Tabelle 7.5 dargestellten Werte.

Tab. 7.5: Interner Zinssatz und *Newton*-Verfahren

k	r_k	$NPV(r_k)$	$NPV'(r_k)$
0	0,1000	19,13	−256,58
1	0,1746	2,20	−200,57
2	0,1855	0,04	−193,75
3	0,1857	0,00	−193,64
4	0,1857		

25. Kapitalwert versus interner Zinssatz

← Seite 9

(a) Nach dem Kapitalwertkriterium verdient Projekt B den Vorzug, weil

$$NPV_A = 7{,}99 \quad \text{und} \quad NPV_B = 9{,}22$$

ist.

(b) Orientiert man sich am internen Zinssatz, so scheint Projekt A günstiger zu sein, denn

$$r_A = 0{,}205 \quad \text{und} \quad r_B = 0{,}168\,.$$

(c) Der kritische Zinssatz i, oberhalb dessen Kapitalwert und interner Zinssatz zu gleichlautenden Entscheidungen führen, lässt sich aus der Gleichsetzung beider Kapitalwertfunktionen

$$NPV_A(i) = NPV_B(i)$$

bestimmen, vgl. auch Abbildung 7.1. Unter Verwendung der üblichen Kapitalwertformel also

$$\sum_{t=0}^{T} z_{t,A} \cdot (1 + i)^{-t} = \sum_{t=0}^{T} z_{t,B} \cdot (1 + i)^{-t} \quad \text{oder}$$

$$\sum_{t=0}^{T} (z_{t,A} - z_{t,B}) \cdot (1 + i)^{-t} = 0\,.$$

Betrachtet man die letzte Gleichung, so erkennt man, dass es bei der Suche nach dem kritischen Kalkulationszinssatz um die Bestimmung des internen Zinssatzes der Differenzinvestition geht. Im vorliegenden Beispiel erhält man hierfür

$$0 + 15\,(1 + i)^{-1} + 5\,(1 + i)^{-2} - 5\,(1 + i)^{-3} - 21\,(1 + i)^{-4} = 0$$

mit dem Ergebnis $i = 0{,}108$.

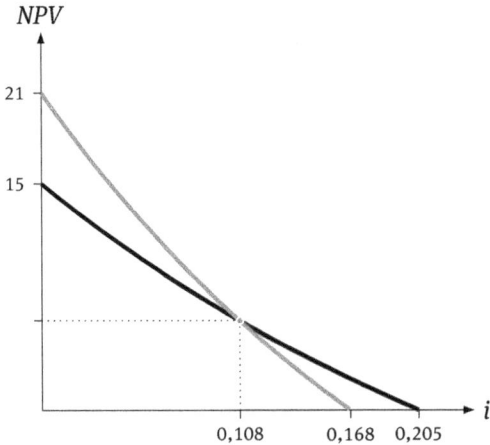

Abb. 7.1: Kapitalwertfunktionen zweier Investitionen

26. Darstellung der Kapitalwertfunktion

← Seite 10

Um die vier internen Zinssätze der Investition mit der Zahlungsreihe

$$-5.000 \quad 19.500 \quad -26.950 \quad 15.405 \quad -2.970$$

zu ermitteln, empfiehlt sich die Aufstellung einer Wertetabelle mit alternativen Zinssätzen. Beginnt man bei $i = 100\%$ und vermindert den Zinssatz jeweils um 10 Prozentpunkte, so erhält man folgende Kapitalwerte:

i	NPV	i	NPV	i	NPV
1,0	−248	0,4	20	−0,2	103
0,9	−184	0,3	25	−0,3	400
0,8	−126	0,2	17	−0,4	1.042
0,7	−75	0,1	0	−0,5	1.920
0,6	−32	0,0	−15	−0,6	0
0,5	0	−0,1	0	−0,7	−35.556

Eine grafische Darstellung der Funktion sieht man in Abbildung 7.2.

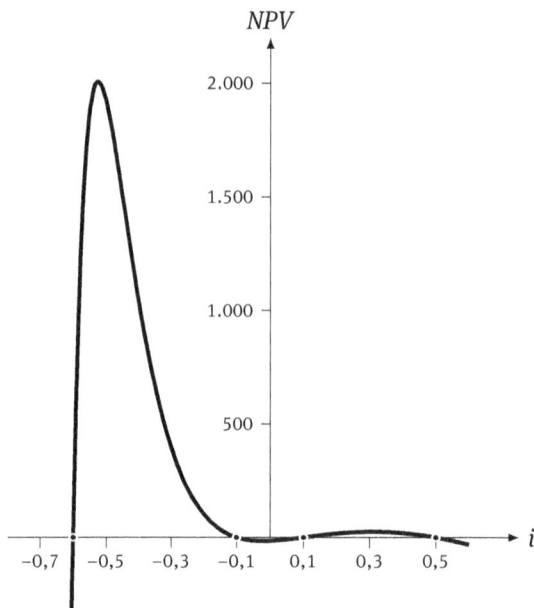

Abb. 7.2: Kapitalwertfunktion einer Investition mit vier Nullstellen

7.2 Wahlentscheidungen (mit Steuern)

1. **Aufstellung vollständiger Finanzpläne**
   ← Seite 11

   (a) Für die beiden Investitionen ergeben sich nach Steuern folgende Endwerte:

Projekt A	109.488,61 €
Projekt B	112.238,08 €
Unterlassungsalternative	102.185,65 €

   Die dazugehörigen vollständigen Finanzpläne sind in Tabelle 7.6 zusammengestellt. Der Investor entscheidet sich folglich für Projekt B.

   (b) Betreibt der Investor Entnahmemaximierung und setzt dabei das Endvermögen mit $K_4 = 100.000$ € fest, so ist in Bezug auf Investition B genau jene Entnahme zu berechnen, die den Investor zu diesem Endvermögen führt. Man erhält $C = 27.277,79$ €, vgl. Tabelle 7.7.

2. **Kapitalwert bei unterschiedlichen Abschreibungsplänen**
   ← Seite 12

   (a) Der versteuerte Kalkulationszinssatz beträgt

   $$i_s = i \cdot (1 - s_e) = 0,08 \cdot (1 - 0,65) = 0,028 \,.$$

Tab. 7.6: Vollständige Finanzpläne mit Steuern (Vermögensstreben)

Zeitpunkt t	0	1	2	3	4
Basiszahlungen	70.000,00	−10.000,00	62.500,00	28.000,00	105.000,00
Investition A	−35.000,00	15.000,00	10.000,00	10.000,00	15.000,00
Gewerbesteuer		−6.251,00	−4.921,80	−4.536,80	−4.569,54
Einkommensteuer		−5.123,99	−2.656,55	−3.102,38	−3.858,16
Solidaritätszuschlag		−281,82	−146,11	−170,63	−212,20
Erg.-Inv. (4 %)	−10.000,00	10.400,00			
Erg.-Fin. (10 %)		21.256,81	−23.382,49		
Erg.-Inv. (4 %)			−16.393,04	17.048,76	
Erg.-Inv. (4 %)				−22.238,95	23.128,51
Entnahmen	25.000,00	25.000,00	25.000,00	25.000,00	25.000,00
Endvermögen					109.488,61
Basiszahlungen	70.000,00	−10.000,00	62.500,00	28.000,00	105.000,00
Investition B	−40.000,00	12.500,00	15.000,00	10.000,00	22.500,00
Gewerbesteuer		−5.698,00	−5.379,38	−4.344,97	−5.429,32
Einkommensteuer		−4.436,41	−3.115,75	−2.896,31	−4.867,91
Solidaritätszuschlag		−244,00	−171,37	−159,30	−267,74
Erg.-Inv. (4 %)	−5.000,00	5.200,00			
Erg.-Fin. (10 %)		27.678,41	−30.446,25		
Erg.-Inv. (4 %)			−13.387,26	13.922,75	
Erg.-Inv. (4 %)				−19.522,17	20.303,05
Entnahmen	25.000,00	25.000,00	25.000,00	25.000,00	25.000,00
Endvermögen					112.238,08
Basiszahlungen	70.000,00	−10.000,00	62.500,00	28.000,00	105.000,00
Unterlassungsalternative	0,00	0,00	0,00	0,00	0,00
Gewerbesteuer		−5.572,00	−4.979,56	−4.445,10	−3.726,27
Einkommensteuer		−4.284,46	−2.870,99	−3.003,37	−2.946,99
Solidaritätszuschlag		−235,65	−157,90	−165,19	−162,08
Erg.-Inv. (4 %)	−45.000,00	46.800,00			
Erg.-Inv. (4 %)		−1.707,89	1.776,21		
Erg.-Inv. (4 %)			−31.267,75	32.518,46	
Erg.-Inv. (4 %)				−27.904,80	29.021,00
Entnahmen	25.000,00	25.000,00	25.000,00	25.000,00	25.000,00
Endvermögen					102.185,65

Tab. 7.7: Vollständiger Finanzplan mit Steuern (Einkommensstreben)

Zeitpunkt t	0	1	2	3	4
Basiszahlungen	70.000,00	−10.000,00	62.500,00	28.000,00	105.000,00
Investition B	−40.000,00	12.500,00	15.000,00	10.000,00	22.500,00
Gewerbesteuer		−5.685,24	−5.330,89	−4.304,56	−5.375,02
Einkommensteuer		−4.420,95	−3.027,67	−2.853,42	−4.801,73
Solidaritätszuschlag		−243,15	−166,52	−156,94	−264,09
Erg.-Inv. (4 %)	−2.722,21	2.831,09			
Erg.-Fin. (10 %)		32.296,04	−35.525,65		
Erg.-Inv. (4 %)			−6.171,47	6.418,33	
Erg.-Inv. (4 %)				−9.969,74	10.218,64
Entnahmen	27.277,79	27.277,79	27.277,79	27.277,79	27.277,79
Endvermögen					100.000,00

Die Kapitalwerte der beiden Investitionen berechnen sich zu

$$NPV_A = 130{,}71 \quad \text{und} \quad NPV_B = 178{,}71 .$$

Infolgedessen ist Projekt B der Vorzug zu geben. Die Berechnung des Kapitalwerts von Investition A geht aus Tabelle 7.8 hervor.

Tab. 7.8: Kapitalwert im klassischen Standardmodell (lineare Abschreibung)

t	Zahlungs- reihe	Nettozahlungen				abgezinste
		CF_t	$s_e EBIT_t$	Differenz	$(1 + i_s)^{-t}$	Nettozahlung
0	−4.000,00			−4.000,00	1,0000	−4.000,00
1	500,00	500,00	−325,00	825,00	0,9728	802,53
2	1.000,00	1.000,00	0,00	1.000,00	0,9463	946,27
3	3.000,00	3.000,00	1.300,00	1.700,00	0,9205	1.564,84
4	750,00	750,00	−162,50	912,50	0,8954	817,07
						130,71

(b) Bei digitaler Abschreibung ergibt sich für Investition A ein Kapitalwert von

$$NPV_A = 164{,}22 .$$

Das ist immer noch ungünstiger als Investition B (mit linearer Abschreibung). Um die digitalen Abschreibungen zu berechnen, ist zunächst die Summe der Folge von natürlichen Zahlen von 1 bis n (dem Ende der Nutzungsdauer) zu ermitteln. Unter Verwendung der Summenformel der arithmetischen Reihe erhält man

$$\sum_{k=1}^{n} k = \frac{n \cdot (n+1)}{2} = \frac{4 \cdot 5}{2} = 10 \, .$$

Dann ergeben sich die Abschreibungen im Zeitpunkt t mit $1 \leq t \leq n$ aus

$$AfA_t = \frac{n+1-t}{\frac{n \cdot (n+1)}{2}} \cdot I_0 = \frac{2(n+1-t)}{n \cdot (n+1)} \cdot I_0$$

oder mit den konkreten Zahlen der Aufgabe

$$AfA_1 = \frac{2 \cdot (4+1-1)}{20} \cdot 4.000 = 1.600$$

$$AfA_2 = \frac{2 \cdot (4+1-2)}{20} \cdot 4.000 = 1.200$$

$$AfA_3 = \frac{2 \cdot (4+1-3)}{20} \cdot 4.000 = 800$$

$$AfA_4 = \frac{2 \cdot (4+1-4)}{20} \cdot 4.000 = 400 \, .$$

Die Berechnung des Kapitalwerts im Einzelnen ist aus Tabelle 7.9 zu entnehmen.

Tab. 7.9: Kapitalwert im Standardmodell (digitale Abschreibung)

t	Zahlungs-reihe	Nettozahlungen				abgezinste
		CF_t	$s_e EBIT_t$	Differenz	$(1+i_s)^{-t}$	Nettozahlung
0	−4.000,00			−4.000,00	1,0000	−4.000,00
1	500,00	500,00	−715,00	1.215,00	0,9728	1.181,91
2	1.000,00	1.000,00	−130,00	1.130,00	0,9463	1.069,28
3	3.000,00	3.000,00	1.430,00	1.570,00	0,9205	1.445,17
4	750,00	750,00	227,50	522,50	0,8954	467,86
						164,22

(c) Bei Sofortabschreibung beläuft sich der Kapitalwert von Projekt A auf

$$NPV_A = -4.000 \cdot (1-0,65) + \frac{500,00 \cdot (1-0,65)}{1,028}$$
$$+ \frac{1.000 \cdot (1-0,65)}{1,028^2} + \frac{3.000 \cdot (1-0,65)}{1,028^3}$$
$$+ \frac{750 \cdot (1-0,65)}{1,028^4} = 302,99 \, .$$

Damit wird Investition A günstiger als Investition B (mit linearer Abschreibung).

3. Standardmodell mit Sofortabschreibung

← Seite 13

Die grundlegende Formel zur Berechnung des Kapitalwerts einer Investition im Rahmen des Standardmodells lautet

$$NPV = -I_0 + \sum_{t=1}^{T} \left(CF_t - s_e EBIT_t \right) \cdot (1 + i_s)^{-t}$$

mit $i_s = i(1 - s)$. Unter Verwendung der Definition

$$EBIT_t = CF_t - AfA_t$$

kann man das in die Form

$$NPV = -I_0 + \sum_{t=1}^{T} \left(CF_t - s_e(CF_t - AfA_t) \right) \cdot (1 + i_s)^{-t}$$

$$= -I_0 + \sum_{t=1}^{T} \left(CF_t(1 - s_e) + s_e AfA_t \right) \cdot (1 + i_s)^{-t} \qquad (7.1)$$

bringen. Für den speziellen Fall der linearen Abschreibung entsteht daraus

$$NPV_{\text{linear}} = -I_0 + \sum_{t=1}^{T} \left(CF_t(1 - s_e) + \frac{s_e I_0}{T} \right) \cdot (1 + i_s)^{-t}$$

$$= -I_0 + \sum_{t=1}^{T} CF_t(1 - s_e)(1 + i_s)^{-t} + \frac{s_e I_0}{T} \sum_{t=1}^{T} (1 + i_s)^{-t}.$$

Bei Sofortabschreibung kommt man dagegen mit $AfA_0 = I_0$ auf

$$NPV_{\text{sofort}} = -I_0 - s_e \left(0 - AfA_0 \right) + \sum_{t=1}^{T} CF_t(1 - s_e) \cdot (1 + i_s)^{-t}$$

$$= -I_0 + \sum_{t=1}^{T} CF_t(1 - s_e) \cdot (1 + i_s)^{-t} + s_e I_0 .$$

Aus der Behauptung $NPV_{\text{sofort}} > NPV_{\text{linear}}$ folgt nun mit positivem Steuersatz, positiver Anschaffungsauszahlung und positivem versteuerten Kalkulationszinssatz

$$s_e I_0 > \frac{s_e I_0}{T} \sum_{t=1}^{T} (1 + i_s)^{-t}$$

$$T > \sum_{t=1}^{T} (1 + i_s)^{-t}$$

$$> \underbrace{\underbrace{(1 + i_s)^{-1}}_{<1} + \underbrace{(1 + i_s)^{-2}}_{<1} + \ldots + \underbrace{(1 + i_s)^{-T}}_{<1}}_{T\text{-mal}}.$$

Addiert man T Summanden, von denen jeder kleiner als eins ist, so ist die Summe kleiner als T, und das war zu zeigen.

Für eine ökonomische Erklärung mache man sich klar, dass man dazu berechtigt ist, einen abnutzungsfähigen Vermögensgegenstand mit dem Anschaffungspreis I_0 steuerlich abzuschreiben. Das bedeutet: Der Investor hat das Recht, während der gesamten Laufzeit die jährlichen Steuerbemessungsgrundlagen solange zu reduzieren, bis der Betrag I_0 aufgebraucht ist. Je kleiner die jährliche Bemessungsgrundlage ist, um so kleiner ist die jährliche Steuerschuld. Abschreibungen reduzieren also grundsätzlich die Steuerschulden. Anders gesagt: sie führen zu Steuerersparnissen. Die Steuerersparnisse belaufen sich bei proportionalem und zeitlich unveränderlichem Tarif insgesamt auf

$$s_e AfA_0 + s_e AfA_1 + \ldots + s_e AfA_t = s_e \sum_{t=0}^{T} AfA_t$$

$$= s_e I_0 \,,$$

gleichgültig, wie man die Abschreibungen über den Abschreibungszeitraum verteilt. Ein Investor, der den Zeitwert des Geldes kennt, dem also klar ist, dass eine frühe Einsparung immer besser ist als eine späte Ersparnis, tendiert zwangsläufig dazu, die Vermögensgegenstände so früh wie möglich abzuschreiben. Sofortabschreibung ist die frühestmögliche Abschreibung.

4. **Steigerung des Endvermögens**

   ← Seite 13

   (a) Das zusätzliche Endvermögen eines Investors ergibt sich unter den Bedingungen eines vollkommenen und unbeschränkten Kapitalmarkts aus

   $$\Delta K_T = (1 + i(1 - s_e))^T NPV^s.$$

   Im Vergleich zur Unterlassungsalternative erzielt der Investor hier ein zusätzliches Endvermögen in Höhe von $\Delta K_4 = 39,97$, was sich in formaler Schreibweise als

   $$\Delta K_4 = (1 + i(1 - s_e))^4 \left(-I_0 + \sum_{t=1}^{T} \frac{CF_t(1 - s_e) + s_e\, AfA_t}{(1 + i(1 - s_e))^t} \right) = 39,97$$

   darstellen lässt. Mit einem Nachsteuerzinssatz in Höhe von

   $$i(1 - s_e) = 0,1(1 - 0,3) = 0,07$$

   und linearer Abschreibung $AfA_t = 250$ folgt

$$\Delta K_4 = 1{,}07^4 \cdot \left(-1.000 + \frac{300 \cdot (1 - 0{,}3) + 0{,}3 \cdot 250}{1{,}07} + \frac{CF_2(1 - 0{,}3) + 0{,}3 \cdot 250}{1{,}07^2} \right.$$
$$\left. + \frac{200 \cdot (1 - 0{,}3) + 0{,}3 \cdot 250}{1{,}07^3} + \frac{300 \cdot (1 - 0{,}3) + 0{,}3 \cdot 250}{1{,}07^4} \right)$$
$$= 1{,}07^4 \cdot \left(-275{,}21 + \frac{0{,}7 \cdot CF_2}{1{,}07^2} \right) = 39{,}97 \,.$$

Auflösen nach dem gesuchten Cashflow ergibt $CF_2 = 500$.

(b) Für die zusätzliche Steuerzahlung im Zeitpunkt $t > 0$ gilt allgemein

$$\Delta S_{e,t} = s_e \left(\Delta CF_t - \Delta AfA_t - \Delta Z_t + i \cdot \Delta K_{t-1} \right)$$

Das Projekt wird privat finanziert und verursacht daher keinerlei betriebliche Zinsaufwendungen. Die zusätzliche Steuerzahlung in $t = 1$ beläuft sich demnach auf

$$\Delta S_{e,1} = 0{,}3 \cdot (300 - 250 - 0 + 0{,}1 \cdot (-1.000)) = -15\,.$$

5. **End- und Kapitalwerte bei steigendem Steuersatz**
   ← Seite 13

   (a) Um die Tabelle aufzustellen, müssen Kapitalwerte gemäß

   $$NPV^s = -I_0 + \sum_{t=1}^{T} \frac{CF_t(1 - s_e) + s_e \, AfA_t}{(1 + i^*)^t}$$

   sowie Endwerte gemäß

   $$K_T = (1 + i^*)^T \left(\sum_{t=0}^{T} \frac{M_t - C_t}{(1 + i^*)^t} + NPV^s \right)$$

   berechnet werden. Im Fall der Unterlassungsalternative ist ein NPV^s in Höhe von 0 einzusetzen. Bei linearer Abschreibung mit $AfA_t = 500$ und Nachsteuerzinssätzen in Höhe von $i^* = i(1 - s_e)$ ergeben sich die in Tabelle 7.10 angegebenen Werte.

Tab. 7.10: Kapital- und Endwerte

s_e	$i(1 - s_e)$	NPV^s	K_3 (mit Projekt)	K_3 (bei Unterlassung)
0 %	0,10	−18,41	2.705,48	2.729,98
20 %	0,08	−5,64	2.677,26	2.684,37
40 %	0,06	3,21	2.644,43	2.640,60
60 %	0,04	7,57	2.607,15	2.598,64

Man erkennt, dass in diesem Beispiel die Investitionsentscheidung unabhängig vom Steuersatz ist. Das ergibt sich sowohl anhand der Kapitalwerte als auch anhand eines Endvermögensvergleichs.

(b) Während die Endwerte mit steigendem Steuersatz fallen, steigt der Kapitalwert offensichtlich an. Das führt zu einem Steuerparadoxon. Grundsätzlich gilt, dass eine Erhöhung des Steuersatzes sich auf die einzelnen Bestandteile des Kapitalwerts wie folgt auswirkt:

i. Der Term $CF_t(1-s_e)$ wird mit steigendem Steuersatz kleiner, wodurch der Kapitalwert sinkt.

ii. Der Term $i(1-s_e)$ wird mit steigendem Steuersatz kleiner, wodurch der Kapitalwert steigt.

iii. Der Term $s_e\,AfA_t$ wird mit steigendem Steuersatz größer, wodurch der Kapitalwert steigt.

Welcher Effekt dominiert, ist grundsätzlich fallabhängig. Im vorliegenden Beispiel überwiegen die Effekte 5(b)ii und 5(b)iii den ersten, so dass der Kapitalwert mit steigendem Steuersatz steigt.

6. **Steuerparadox bei nicht-abnutzungsfähigen Vermögenswerten**

← Seite 14

Im Rahmen des Standardmodells berechnet man den Kapitalwert nach Steuern allgemein mit

$$NPV^s = -I_0 + \sum_{t=1}^{T} \frac{CF_t(1-s_e) + s_e\,AfA_t}{(1 + i(1-s_e))^t}.$$

Da es sich im vorliegenden Fall um die Beschaffung eines nicht abnutzungsfähigen Vermögensgegenstandes handelt, fallen keine Abschreibungen an, so dass vorstehende Gleichung sich auf die Form

$$NPV^s = -I_0 + \sum_{t=1}^{T} \frac{CF_t(1-s_e)}{(1 + i(1-s_e))^t}$$

reduziert. Mit den Zahlen des Beispiels ergibt sich daraus

$$NPV^s = -1 + \frac{15 \cdot (1-s_e)}{(1 + 1 \cdot (1-s_e))^4} = -1 + \frac{15 \cdot (1-s_e)}{(2-s_e)^4}.$$

Zeichnet man die Kapitalwertfunktion in Abhängigkeit vom Steuersatz, so ergibt sich eine Grafik wie in Abbildung 7.3. Die Funktion ist bei einem Steuersatz von $s_e = 0\,\%$ offensichtlich negativ, steigt dann mit zunehmendem Steuersatz zunächst an, um bei etwa $s_e = 67\,\%$ ein Maximum zu erreichen[1] und anschließend

---

1 Die Kapitalwertfunktion

$$f(s_e) = -1 + \frac{15 \cdot (1-s_e)}{(2-s_e)^4}$$

mit weiter steigendem Steuersatz wieder zu fallen. Daraus erkennt man leicht, dass es hier ein Steuerparadox gibt. Offensichtlich ist dieser Tatbestand nicht auf Abschreibungen zurückzuführen.

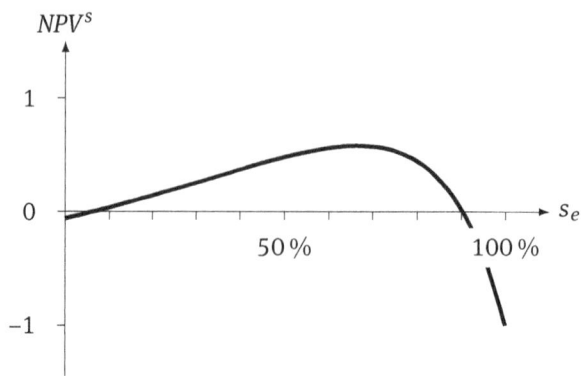

Abb. 7.3: Kapitalwertfunktion einer nicht abnutzungsfähigen Investition

7. Steuerparadox bei verschwindendem Zinssatz

← Seite 14

Diese Aufgabe zeigt, dass es im Standardmodell kein Steuerparadox geben kann, wenn der Zinssatz gegen null geht. Der Nachweis ist leicht zu führen. Zu diesem Zweck wird zunächst der Kapitalwert ohne Berücksichtigung von Steuern betrachtet. Er beläuft sich bei einem Zinssatz von $i = 0\%$ auf

$$NPV = -I_0 + \sum_{t=1}^{T} \frac{CF_t}{(1+i)^t}$$

$$= -I_0 + \sum_{t=1}^{T} CF_t. \tag{7.2}$$

Unter Berücksichtigung von Steuern hat man dagegen im Standardmodell

$$NPV^s = -I_0 + \sum_{t=1}^{T} \frac{CF_t(1 - s_e) + s\,AfA_t}{(1 + i(1 - s_e))^t},$$

besitzt die erste Ableitung

$$f'(s_e) = \frac{60 \cdot (1 - s_e)}{(2 - s_e)^5} - \frac{15}{(2 - s_e)^4}.$$

Nullsetzen und Auflösen nach dem Steuersatz führt auf $s_e = \frac{2}{3}$.

woraus für $i = 0$

$$NPV^s = -I_0 + \sum_{t=1}^{T} \left(CF_t(1 - s_e) + s_e \, AfA_t \right)$$

$$= -I_0 + \sum_{t=1}^{T} CF_t(1 - s_e) + \sum_{t=1}^{T} s_e \, AfA_t$$

$$= -I_0 + (1 - s_e) \sum_{t=1}^{T} CF_t + s_e \sum_{t=1}^{T} AfA_t$$

wird. Wegen $\sum_{t=1}^{T} AfA_t = I_0$ und unter Verwendung von Gleichung (7.2) entsteht daraus

$$NPV^s = -I_0 + (1 - s_e) \sum_{t=1}^{T} CF_t + s_e I_0$$

$$= (1 - s_e) \left(-I_0 + \sum_{t=1}^{T} CF_t \right)$$

$$= (1 - s_e) \, NPV \, .$$

Damit wird deutlich, dass der Nachsteuer-Kapitalwert dem mit dem Faktor $(1 - s_e)$ multiplizierten Vorsteuer-Kapitalwert entspricht. Falls $0\,\% < s_e < 100\,\%$ ist, werden bei verschwindendem Zinssatz mit Einbeziehung von Steuern stets dieselben Entscheidungen getroffen wie bei Vernachlässigung der Steuern. Folglich kann kein Steuerparadox auftreten.

8. **Ermittlung eines kombinierten Steuersatzes**
   ← Seite 14

   Der kombinierte Einkommen-, Kirchensteuer- und Solidaritätszuschlagssatz wird aus

   $$s_e^* = \frac{s_e(1 + s_{ki} + s_{sol})}{1 + s_e s_{ki}}$$

   berechnet. Mit den Zahlen des Beispiels erhält man

   $$s_e^* = \frac{0,38 \cdot (1 + 0,09 + 0,055)}{1 + 0,38 \cdot 0,09} = 42,07\ \%.$$

9. **Kritische Leasingrate**
   ← Seite 14

   (a) Bei einem Planungshorizont von 4 Jahren, muss im Falle des Kaufs berücksichtigt werden, dass das Investitionsobjekt vor Ablauf der betriebsgewöhnlichen Nutzungsdauer zum Restbuchwert veräußert wird. Die gesuchten Cashflows und Earnings before Interest and Taxes sind in Tabelle 7.11 angegeben. Für die Leasingalternative sind die gesuchten Größen in Tabelle 7.12 zu finden.

Tab. 7.11: Ermittlung der Cashflows und Earnings before Interest and Taxes (*EBIT*) für die Kaufalternative

		$t = 1$	$t = 2$	$t = 3$	$t = 4$
Cashflows vor Veräußerungserlösen		600	600	600	600
+ Veräußerungserlöse	V_4				200
= Cashflows	CF_t	600	600	600	800
− Abschreibungen	$-AfA_t$	−200	−200	−200	−200
− Restbuchwert	$-RW_4$				−200
= Earnings before interest and taxes	$EBIT_t$	400	400	400	400

Tab. 7.12: Ermittlung der Cashflows und Earnings before Interest and Taxes (*EBIT*) für die Leasingalternative

		$t = 1$	$t = 2$	$t = 3$	$t = 4$
Cashflows vor Leasingraten		600	600	600	600
− Leasingraten	$-L_t$	−250	−250	−250	−250
= Cashflows	CF_t	350	350	350	350
= Earnings before Interest and Taxes	$EBIT_t$	350	350	350	350

(b) Wenn vorausgesetzt wird, dass die Veräußerung des Investitionsobjektes zum Restbuchwert erfolgt ($RW_T = V_T$), so nimmt die Gleichung für den Kapitalwert im Falle des Kaufes die Form

$$NPV_{\text{Kauf}} = -I_0 + \sum_{t=1}^{T} \frac{BCF_t(1 - s_e^*)}{(1 + i_s)^t} + \frac{V_T}{(1 + i_s)^T} + \frac{s_e^* I_0}{n} \sum_{t=1}^{T} \frac{1}{(1 + i_s)^t}$$

an. Gleichsetzen mit dem Kapitalwert der Leasingalternative

$$NPV_{\text{Leasing}} = \sum_{t=1}^{T} \frac{BCF_t(1 - s_e^*)}{(1 + i_s)^t} - L(1 - s_e^*) \sum_{t=1}^{T} \frac{1}{(1 + i_s)^t} \; .$$

führt für die kritische Leasingrate auf die Darstellung

$$L = \frac{1}{RBFN_s} \cdot \frac{1}{1 - s_e^*} \left(I_0 - \frac{V_T}{(1 + i_s)^T} - \frac{s_e^* I_0}{n} \cdot RBFN_s \right) . \tag{7.3}$$

Einsetzen der relevanten Daten des Beispiels, insbesondere des integrierten Einkommensteuersatzes s_e^*

$$
\begin{aligned}
s_e^* &= \frac{s_e(1 + s_{ki} + s_{sol})}{1 + s_e s_{ki}} \\
&= \frac{0{,}40 \cdot (1 + 0{,}00 + 0{,}055)}{1 + 0{,}40 \cdot 0{,}00} = 42{,}20\,\%
\end{aligned}
$$

sowie des versteuerten Kalkulationszinssatzes i_s

$$i_s = i(1 - s_e^*)$$
$$= 0,10 \cdot (1 - 0,4220) = 5,78\,\%$$

ergibt nun die Leasingrate von

$$L = \frac{1}{3,4826} \cdot \frac{1}{1 - 0,422}\left(1.000 - \frac{200}{1,0578^4} - \frac{0,422 \cdot 1.000}{5} \cdot 3,4826\right) = 271,40\,.$$

(c) Für den Fall, dass keine Steuern erhoben werden, reduziert sich Gleichung (7.3) zu

$$L = \frac{1}{RBFN}\left(I_0 - \frac{V_T}{(1 + i)^T}\right).$$

Die Differenz zwischen dem Kaufpreis des Investitionsobjektes und dem abgezinsten Veräußerungserlös entspricht dem Barwert der Nettozahlungen, die der Leasinggeber leisten muss, um das Eigentum des Objekts zu erwerben. Division dieses Betrages durch den nachschüssigen Rentenbarwert entspricht einer Multiplikation mit dem Annuitätenfaktor. Die kritische Leasingrate entspricht damit der auf die Laufzeit des Leasingvertrages umgerechneten Annuität der notwendigen Nettoauszahlungen des Leasinggebers. Mit den Zahlen des Beispiels erhält man

$$L = \frac{0,1 \cdot 1,1^4}{1,1^4 - 1} \cdot \left(1.000 - \frac{200}{1,1^4}\right) = 272,38.$$

Das unterscheidet sich nur geringfügig von der kritischen Leasingrate mit Berücksichtigung steuerlicher Einflüsse.

7.3 Nutzungsdauer- und Ersatzentscheidungen

1. Optimale Nutzungsdauer und Endvermögensmaximierung

← Seite 16

(a) Zunächst sind die Zahlungen ohne Berücksichtigung der Liquidationserlöse zusammenzustellen, vgl. Tabelle 7.13. Die Liquidationserlöse im Zeitpunkt t ergeben sich im Beispielsfall dieser Aufgabe aus $L_t = 2.000 \cdot 0,8^t$. Insgesamt gibt es acht Entscheidungsalternativen mit den in Tabelle 7.14 zusammengestellten Zahlungsreihen.

(b) Die Endwerte der acht Nutzungsdaueralternativen belaufen sich auf die in Tabelle 7.15 zusammengestellten Werte. Daher ist eine Nutzungsdauer von sechs Jahren optimal, wenn der Kapitalmarkt unvollkommen ist.

Tab. 7.13: Zahlungen ohne Liquidationserlöse

Zeitpunkt t	0	1	2	3	4	5	6	7
Anschaffungsauszahlung	−2.000							
Einzahlungsüberschüsse		700	700	700	700	700	700	700
Reparaturen			−100	−200	−300	−400	−500	−600
Summe $\bar{z}_t$	−2.000	700	600	500	400	300	200	100

Tab. 7.14: Zahlungsreihen der Nutzungsdaueralternativen

n	0	1	2	3	4	5	6	7
0	0							
1	−2.000	2.300						
2	−2.000	700	1880					
3	−2.000	700	600	1524				
4	−2.000	700	600	500	1219			
5	−2.000	700	600	500	400	955		
6	−2.000	700	600	500	400	300	724	
7	−2.000	700	600	500	400	300	200	519

Tab. 7.15: Endwerte bei verschiedenen Nutzungsdauern

Nutzungsdauer n	Endwerte K_T
0	1.516,55
1	1.693,63
2	1.909,57
3	2.111,96
4	2.263,27
5	2.353,51
6	2.378,18
7	2.336,62

(c) Unter den Bedingungen eines vollkommenen Kapitalmarkts kommt es auf die Kapitalwerte der Nutzungsdaueralternativen an. Verwendet man hierbei das Konzept der zeitlichen Grenzkapitalwerte, so ergeben sich die entsprechenden Rechnungen aus Tabelle 7.16. Wieder ist eine Nutzungsdauer von sechs Jahren optimal.

(d) Der aufgezinste zeitliche Grenzgewinn für den Zeitpunkt $n = 3$ (vgl. Tabelle 7.16) ergibt sich mit

$$\bar{z}_3 + L_3 - L_2 (1 + i) = 500 + 1.024 - 1.408 = 116$$

oder abgezinst mit

$$(1 + i)^{-n} \cdot (\bar{z}_3 + L_3 - L_2 (1 + i)) = 0{,}7513 \cdot 116 = 87{,}15 .$$

Tab. 7.16: Optimale Nutzungsdauer und Grenzkapitalwerte

n	$\bar{z}_n + L_n$	L_{n-1}	$L_{n-1}(1+i)$	$(1+i)^n \Delta NPV_n$	ΔNPV_n	NPV_n
1	2.300,0	2.000,0	2.200,0	100,00	90,91	90,91
2	1.880,0	1.600,0	1.760,0	120,00	99,17	190,08
3	1.524,0	1.280,0	1.408,0	116,00	87,15	277,24
4	1.219,2	1.024,0	1.126,4	92,80	63,38	340,62
5	955,4	819,2	901,1	54,24	33,68	374,30
6	724,3	655,4	720,9	3,39	1,91	376,21
7	519,4	524,3	576,7	−57,29	−29,40	346,82

In der abgezinsten Form gibt er darüber Auskunft, um welchen Betrag der Kapitalwert zunimmt, wenn man die Investition drei Jahre in Gebrauch nimmt, statt sie nur zwei Jahre zu nutzen.

(e) Wenn von einer unendlichen Folge identischer Investitionen auszugehen ist, so kommt es unter den Bedingungen des vollkommenen Kapitalmarkts auf die nutzungsdauerabhängigen Kapitalwerte der identischen Investitionsketten an. Diese werden in Tabelle 7.17 ermittelt. Die optimale Nutzungsdauer beträgt jetzt nur noch drei Jahre.

Tab. 7.17: Nutzungsdauer bei unendlicher identischer Wiederholung

n	NPV_n	$w_{i,n}$	ANN	$KNPV$
1	90,91	1,1000	100,00	1.000,00
2	190,08	0,5762	109,52	1.095,24
3	277,24	0,4021	111,48	1.114,80
4	340,62	0,3155	107,46	1.074,55
5	374,30	0,2638	98,74	987,39
6	376,21	0,2296	86,38	863,81
7	346,82	0,2054	71,24	712,38

2. Optimale Nutzungsdauer, Liquidationserlös und Kapitalwert

← Seite 17

(a) Die Nutzung der Investition ist zu beenden, wenn ihre zeitlichen Grenzgewinne nachhaltig negativ werden. Einiges deutet darauf hin, dass dieses Ereignis bereits nach einem Jahr eintritt, weil für die Zeitpunkte $n = 2$ und $n = 3$ negative Grenzgewinne berechnet worden sind. Jedoch werden diese durch einen kräftigen positiven Grenzgewinn im Zeitpunkt $n = 4$ kompensiert. Danach folgen allerdings nur noch Verluste. Infolgedessen ist es am günstigsten, die Investition vier Jahre lang zu nutzen.

(b) Der abgezinste zeitliche Grenzgewinn für $n = 3$ beträgt laut Aufgabenstellung

$$(1 + i)^{-3} \cdot (\bar{z}_3 + L_3 - L_2 (1 + i)) = -30 .$$

Wenn der Zinssatz $i = 8\%$ ist und sich die Investitionseinzahlungen einschließlich Liquidationserlös im Zeitpunkt $n = 3$ auf 960 belaufen, so erhält man durch Einsetzen

$$1{,}08^{-3} \cdot (960 - L_2 \cdot 1{,}08) = -30 .$$

Auflösen nach L_2 ergibt den gesuchten Liquidationserlös im Zeitpunkt $n = 2$ mit

$$L_2 = \frac{960 + 30 \cdot 1{,}08^3}{1{,}08} = 923{,}88 .$$

(c) $NPV_3 = 100 - 50 - 30 = 20$.

3. Optimale Nutzungsdauer bei sinkendem Liquidationserlös
← Seite 17

Unabhängig davon, ob die Wertminderung der Anlage 10 % oder 25 % je Jahr beträgt, beläuft sich ihre optimale Nutzungsdauer auf fünf Jahre. Die Kapitalwerte für die sechs Nutzungsdaueralternativen sind in Tabelle 7.18 zusammengestellt.

Tab. 7.18: Kapitalwerte bei verschiedenen Nutzungsdauern

Nutzungsdauer	Wertminderung	
n	10 %	25 %
0	0,00	0,00
1	8,11	−5,41
2	17,12	−2,97
3	33,93	11,47
4	50,19	27,82
5	71,69	50,73

Interessant ist, dass die Anlage bei schnellem Verfall der Liquidationserlöse mindestens drei Jahre genutzt werden muss, wenn sie sich überhaupt rentieren soll. Kürzere Nutzungsdauern sind wegen negativer Kapitalwerte hier ungünstiger als der völlige Verzicht auf das Projekt.

4. Ermittlung eines Kettenkapitalwerts
← Seite 17

Der Kettenkapitalwert ergibt sich aus

$$KNPV_n = \frac{w_{i,n} \cdot NPV_n}{i}$$

und mit den Zahlen dieser Aufgabe

$$KNPV = \frac{0{,}22292 \cdot 1.000}{0{,}09} = 2.476{,}89 \, .$$

5. **Kapitalwert der Ersatzstrategie**

← Seite 17

(a) Der Kapitalwert der Ersatzstrategie $ENPV_n$ setzt sich aus zwei Komponenten zusammen, dem Kapitalwert der alten Anlage NPV_n^{alt} und dem Kettenkapitalwert des Nachfolgers $KNPV_n^{neu}$. Wenn man im Zeitpunkt $n = 1$ ersetzt, so erhält man

$$
\begin{aligned}
NPV_1^{alt} &= \bar{z}_0^{alt} + (1+i)^{-1} \cdot (\bar{z}_1^{alt} + L_1) \\
&= 500 + 1{,}06^{-1} \cdot (600 + 2.500) = 3.424{,}53
\end{aligned}
$$

und

$$
\begin{aligned}
KNPV_1^{neu} &= \frac{w_{i,m} \, NPV_m^{neu}}{i(1+i)} \\
&= \frac{0{,}288592 \cdot 1.200}{0{,}06 \cdot 1{,}06} = 5.445{,}13 \, .
\end{aligned}
$$

Der Kapitalwert der gesamten Ersatzstrategie beläuft sich damit auf

$$ENPV_1 = NPV_1^{alt} + KNPV_1^{neu} = 8.869{,}66 \, .$$

(b) Nun ist der Kapitalwert für den Fall des sofortigen Ersatzes zu berechnen. Man erhält

$$
\begin{aligned}
NPV_0^{alt} &= \bar{z}_0^{alt} + L_0 \\
&= 500 + 2.650 = 3.150
\end{aligned}
$$

und

$$
\begin{aligned}
KNPV_0^{neu} &= \frac{w_{i,m} \, NPV_m^{neu}}{i} \\
&= \frac{0{,}288592 \cdot 1.200}{0{,}06} = 5.771{,}84
\end{aligned}
$$

sowie zusammen

$$ENPV_0 = NPV_0^{alt} + KNPV_0^{neu} = 8.921{,}84 \, .$$

Daher ist es besser, die alte Anlage sofort auszurangieren als damit noch ein Jahr zu warten.

(c) Gefragt ist nach dem kritischen Liquidationserlös L_1, für den beide Ersatz-strategien den gleichen Kapitalwert haben,

$$ENPV_1 = ENPV_0 \,.$$

Einsetzen der obigen Formeln führt nach geeigneten Umformungen zu

$$L_1 = (1 + i)\, L_0 - \bar{z}_1^{\text{alt}} + w_{i,m}\, NPV_m^{\text{neu}}$$

oder mit den Zahlen dieser Aufgabe zu

$$L_1 = 1{,}06 \cdot 2.650 - 600 + 0{,}288592 \cdot 1.200 = 2.555{,}31 \,.$$

7.4 Programmentscheidungen

1. Programmalternativen
← Seite 20

(a) Nach den Regeln der Kombinatorik handelt es sich bei 20 Investitionsprojek-ten um $2^{20} = 1.048.756$, also etwas über eine Million Programmalternativen.

(b) Wenn man zur Ermittlung der Zahlungsreihe einer einzigen Alternative eine Minute braucht, so benötigt man für alle Alternativen zusammen knapp zwei Jahre.

2. Optimales Investitionsprogramm und endogene Zinssätze
← Seite 20

(a) Zunächst sind die Renditen der Investitionen zu berechnen, für die man

$$r_1^I = 13{,}3\,\% \quad r_2^I = 27{,}3\,\% \quad r_3^I = 16{,}7\,\% \quad r_4^I = 33{,}3\,\%$$

erhält. Für die Rangreihenfolge der Investitionen ergibt sich somit 4 - 2 - 3 - 1. Die Reihenfolge der Finanzierungen ist den Kapitalkosten ent-sprechend 1 - 3 - 2.
Die Investitionen 4, 2 und 3 verursachen Auszahlungen von insgesamt 35 €. Um das zu finanzieren, sind alle drei Kredite in Anspruch zu nehmen, Nr. 1 und 3 in voller Höhe mit je 15 €. Kredit 2 mit Kapitalkosten in Höhe von 14 % deckt den Restkapitalbedarf in Höhe von 5 € ab. Investition Nr. 1 wird nicht durchgeführt, weil ihre Rendite mit 13,3 % geringer ist als die zur Finanzie-rung erforderlichen Kapitalkosten, vgl. auch Abbildung 7.4.

(b) Der endogene Kalkulationszinssatz ist $i^* = 14\,\%$.

(c) Berechnet man die Kapitalwerte der vier Investitionen mit Hilfe des endoge-nen Kalkulationszinssatzes, so erhält man

$$NPV_1 = -0{,}18 \quad NPV_2 = 1{,}28 \quad NPV_3 = 0{,}42 \quad NPV_4 = 1{,}02 \,.$$

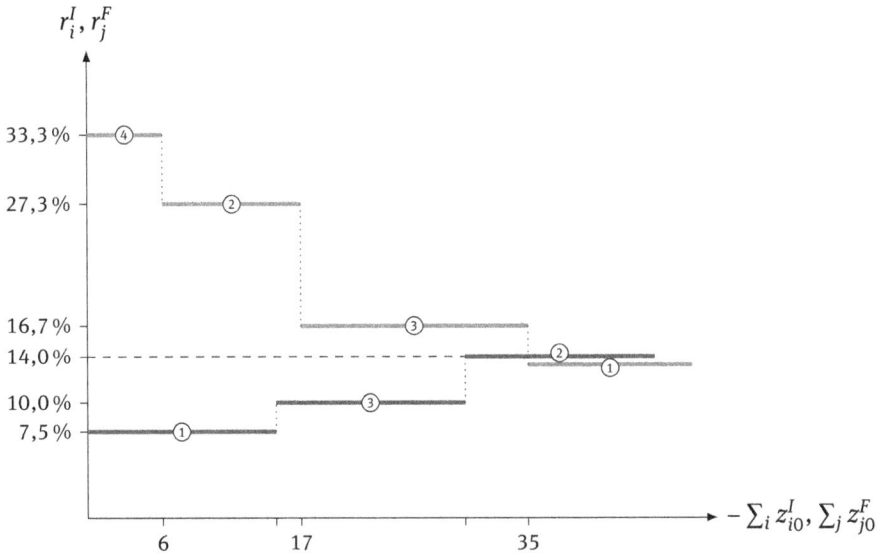

Abb. 7.4: Grafische Ermittlung des optimalen Investitions- und Finanzierungsprogramms

Das zu verwerfende Investitionsprojekt Nr. 1 hat einen negativen Kapitalwert. Alle übrigen Kapitalwerte sind positiv. Das bedeutet: Die Kapitalwertmethode ist zur Bestimmung des optimalen Investitions- und Finanzierungsprogramms geeignet, obwohl hier nicht die Prämisse des vollkommenen Kapitalmarkts erfüllt ist. Voraussetzung ist allerdings, dass die richtigen (endogenen) Kalkulationszinssätze benutzt werden.

3. Dualwerte und endogene Zinssätze

← Seite 20

(a) Die Dualwerte informieren darüber, um welchen Wert die Zielfunktion zunimmt (abnimmt), wenn man die rechte Seite der betreffenden Nebenbedingung um eine Einheit erhöht (vermindert). Falls der Investor also im vorliegenden Beispielsfall liquide Mittel in Höhe von 501 (statt 500) besäße, ließe sich ein Investitions- und Finanzierungsprogramm realisieren, das einen um 1,37632 höheren Zielfunktionswert besäße.

(b) Für die endogenen Kalkulationszinssätze berechnet man folgende Werte:

$$i_{0,1} = \frac{-1{,}37632}{-1{,}2512} - 1 = 0{,}1000$$

$$i_{0,2} = \sqrt[2]{\frac{-1{,}37632}{-1{,}166}} - 1 = 0{,}0865$$

$$i_{0,3} = \sqrt[3]{\frac{-1{,}37632}{-1{,}0600}} - 1 = 0{,}0909$$

$$i_{0,4} = \sqrt[4]{\frac{-1{,}37632}{-1{,}0000}} - 1 = 0{,}0831\,.$$

(c) Ermittelt man die Kapitalwerte der zur Wahl stehenden Investitionen und Finanzierungen auf der Basis der endogenen Kalkulationszinssätze, so ergeben sich die nachstehenden Werte.

Investition	1	2	3	4	5	6	7	8
Kapitalwert	0,00	32,55	14,51	−28,16	−3,64	−1,11	−3,08	0,00
Finanzierung	1	2	3	4	5	6		
Kapitalwert	17,83	−4,51	0,00	−2,28	0,00	−2,91		

Die zu realisierenden Projekte haben nicht-negative Kapitalwerte, während die Barwerte der abzulehnenden Vorhaben negativ ausfallen.

4. **Optimales Investitionsprogramm bei unvollkommenem Kapitalmarkt**
   ← Seite 21

   (a) Unbedingt realisiert werden sollten die Investitionen 2 und 4, weil sie bei jedem beliebigen Kalkulationszinssatz im Intervall zwischen 8 % und 12 % positive Kapitalwerte haben.

   (b) Von der Investition 3 ist unbedingt abzuraten, weil sie bei jedem Zinssatz zwischen 8 % und 12 % einen negativen Kapitalwert hat.

   (c) Ob das Projekt 1 in Angriff genommen werden sollte oder nicht, kann nicht mit Sicherheit entschieden werden, da es bei einem Zinssatz von 8 % einen positiven, bei 12 % jedoch einen negativen Kapitalwert aufweist.

   (d) Ein Beispiel für eine Investition, die unter Umständen verwirklicht werden sollte, obwohl ihr Kapitalwert sowohl bei 8 % als auch bei 12 % negativ ist, ist die Zahlungsreihe $-1.384, 3.050, -1.680$. Die Kapitalwerte für drei markante Zinssätze belaufen sich auf

   $$NPV(0{,}08) = -0{,}26 \quad NPV(0{,}10) = 0{,}30 \quad NPV(0{,}12) = -0{,}07\,.$$

5. **Simultane Planung des Investitions- und Finanzierungsprogramms**
   ← Seite 22

   (a) Die Gesamtschuld des ersten Kredits beläuft sich bei 10 % Zins und einer Laufzeit von 5 Jahren auf

   $$1.000 \cdot 1{,}1^5 = 1.610{,}51\,.$$

   Für den zweiten Kredit mit einer Laufzeit von 3 Jahren und einem Zinssatz von 7 % gilt entsprechend

   $$1.000 \cdot 1{,}07^3 = 1.225{,}04\,.$$

   Der Annuitätenfaktor des dritten Kredits beträgt bei einem Zinssatz von 8 % und einer Laufzeit von 3 Jahren

   $$w_{0{,}08;3} = \frac{0{,}08 \cdot 1{,}08^3}{1{,}08^3 - 1} = 0{,}38803\,.$$

   Bei voller Ausschöpfung des Kredits belaufen sich die jährlichen Zahlungen daher auf

   $$600 \cdot 0{,}38803 = 232{,}82\,.$$

   Die Zahlungsreihen der drei Finanzierungen haben daher (gerundet) das in Tabelle 7.19 gezeigte Aussehen.

Tab. 7.19: Zahlungsreihen der Finanzierungen

Zeitpunkt t	0	1	2	3	4	5
Finanzierung 1	1.000	0	0	0	0	−1.611
Finanzierung 2	0	1.000	0	0	−1.225	0
Finanzierung 3	600	−233	−233	−233	0	0

   (b) Das Basis-LP-Tableau sieht so aus, wie in Tabelle 7.20 angegeben.

Tab. 7.20: Basis-Tableau für ein lineares Programm (simultane Investitions- und Finanzplanung, Entnahmemaximierung)

	Investitionen										Finanzierungen								Eink	
	x_1^I	x_2^I	x_3^I	x_4^I	x_5^I	x_6^I	x_7^I	x_8^I	x_9^I	x_{10}^I	x_1^F	x_2^F	x_3^F	x_4^F	x_5^F	x_6^F	x_7^F	x_8^F	c	
1																			1	= Max!
2	-800	-400	-1.200	-750	-200	-100					1.000		600	100					-1	= -300
3	40	-300	1.800	-250	120	105	-100					1.000	-233	-116	100				-1	= 400
4	-200	600	-200	120	20		105	-100					-233		-116	100			-1	= 500
5	700	150	60	880	80			105	-100				-233			-116	100		-1	= 200
6	300	210	-450	300	30				105	-100		-1.225					-116	100	-1	= -800
7	300	100	300		40					105	-1.611							116	-1	≥ -700
8	1																			≤ 1
9		1																		≤ 1
10			1																	≤ 1
11				1																≤ 1
12					1															≤ 1
13											1									≤ 1
14												1								≤ 1
15													1							≤ 1

(c) Die Zielfunktion nimmt im Optimum den Wert $C = 160,38$ an. Daraus lässt sich der in Tabelle 7.21 angegebene Finanzplan entwickeln.

Tab. 7.21: Vollständiger Finanzplan bei simultaner Planung des Investitions- und Finanzierungsprogramms

Zeitpunkt t	0	1	2	3	4	5
Basiszahlung	300,00	−400,00	−500,00	−200,00	800,00	1.700,00
Investition 2	−400,00	−300,00	600,00	150,00	210,00	100,00
Investition 3	−148,91	223,38	−24,82	7,45	−55,48	0,00
Investition 4	−750,00	−250,00	120,00	880,00	300,00	300,00
Investition 5	−200,00	120,00	20,00	80,00	30,00	40,00
Geldanlage 5 %				−317,36	333,23	
Geldanlage 5 %					−232,01	243,60
Finanzierung 1	759,29	0,00	0,00	0,00	0,00	−1.223,22
Finanzierung 2	0,00	1.000,00	0,00	0,00	−1.225,00	0,00
Finanzierung 3	600,00	−233,00	−233,00	−233,00	0,00	0,00
Kredit 16 %			178,20	−206,71		
Entnahmen	160,38	160,38	160,38	160,38	160,38	160,38
Endvermögen						1.000,00

Die Dualwerte bei den Liquiditätsnebenbedingungen belaufen sich auf $d_0 = -0,215253$, $d_1 = -0,192651$, $d_2 = -0,170879$, $d_3 = -0,147309$, $d_4 = -0,140294$ und $d_5 = -0,133614$. Daher erhält man für die endogenen Kalkulationszinssätze

$$i_{0,1} = \frac{-0,215253}{-0,192651} - 1 = 0,1173$$

$$i_{0,2} = \sqrt[2]{\frac{-0,215253}{-0,170879}} - 1 = 0,1224$$

$$i_{0,3} = \sqrt[3]{\frac{-0,215253}{-0,147309}} - 1 = 0,1348$$

$$i_{0,4} = \sqrt[4]{\frac{-0,215253}{-0,140294}} - 1 = 0,1130$$

$$i_{0,5} = \sqrt[5]{\frac{-0,215253}{-0,133614}} - 1 = 0,1001\,.$$

6. **Aufstellung von Wahrheitstafeln**

← Seite 23

(a) Zur Lösung der Aufgabe empfiehlt es sich, zunächst die in Tabelle 7.22 angegebene Wahrheitstafel aufzustellen.

Tab. 7.22: Wahrheitstafel 1

Projekt 1	Projekt 2	
0	0	wahr
0	1	wahr
1	0	falsch
1	1	wahr

An der Wahrheitstafel kann leicht nachvollzogen werden, dass die Nebenbedingungen (7.4) bis (7.6) geeignet sind.

$$x_1 - x_2 \geq 0 \tag{7.4}$$

$$x_1, x_2 \text{ ganzzahlig} \tag{7.5}$$

$$0 \leq x_1, x_2 \leq 1 \tag{7.6}$$

(b) Man beginnt am besten wieder mit einer geeigneten Wahrheitstafel (Tabelle
7.23) und leitet daraus die Nebenbedingungen (7.7) bis (7.9) ab.

Tab. 7.23: Wahrheitstafel 2

Projekt 1	Projekt 2	
0	0	falsch
0	1	wahr
1	0	wahr
1	1	wahr

$$x_1 + x_2 \geq 1 \tag{7.7}$$

$$x_1, x_2 \text{ ganzzahlig} \tag{7.8}$$

$$0 \leq x_1, x_2 \leq 1 \tag{7.9}$$

(c) Die Wahrheitstafel, welche den jetzt zu behandelnden Fall wiedergibt, entspricht Tabelle 7.24. Man gewinnt daraus die Nebenbedingungen (7.10) bis
(7.12).

$$(0{,}5\,x_2 + 0{,}5\,x_3) - x_1 \geq 0 \tag{7.10}$$

Tab. 7.24: Wahrheitstafel 3

Projekt 1	Projekt 2	Projekt 3	
0	0	0	wahr
0	0	1	wahr
0	1	0	wahr
0	1	1	wahr
1	0	0	falsch
1	0	1	falsch
1	1	0	falsch
1	1	1	wahr

$$x_1, x_2, x_3 \text{ ganzzahlig} \qquad (7.11)$$

$$0 \leq x_1, x_2, x_3 \leq 1 \qquad (7.12)$$

(d) Im letzten Fall benutzt man die Wahrheitstafel 7.25 und gewinnt daraus die Nebenbedingungen (7.13) bis (7.16).

Tab. 7.25: Wahrheitstafel 4

Projekt 1	Projekt 2	Projekt 3	
0	0	0	wahr
0	0	1	wahr
0	1	0	wahr
0	1	1	wahr
1	0	0	wahr
1	0	1	falsch
1	1	0	falsch
1	1	1	falsch

$$x_1 + x_2 \leq 1 \qquad (7.13)$$

$$x_1 + x_3 \leq 1 \qquad (7.14)$$

$$x_1, x_2, x_3 \text{ ganzzahlig} \qquad (7.15)$$

$$0 \leq x_1, x_2, x_3 \leq 1 \qquad (7.16)$$

7. Simultane Investitions- und Produktionsplanung mit Desinvestitionen
← Seite 23

Wenn in jedem Zeitpunkt des Planungszeitraums Desinvestitionen möglich sind, so können in allen Zeitpunkten Liquidationseinzahlungen auftreten, und der vollständige Finanzplan hat gegenüber dem Grundmodell das in Tabelle 7.26 dargestellte Aussehen.

Tab. 7.26: Struktur der Ein- und Auszahlungen im vollständigen Finanzplan bei simultaner Investitions- und Produktionsplanung

$t = 0$	$0 < t < T$	$t = T$
Basiszahlungen	Basiszahlungen	Basiszahlungen
	Umsatzeinzahlungen	Umsatzeinzahlungen
	Einzahlungen aus Kassenhaltung	Einzahlungen aus Kassenhaltung
Liquidationseinzahlungen	Liquidationseinzahlungen	Liquidationseinzahlungen
Anschaffungsauszahlungen für Investitionen	Anschaffungsauszahlungen für Investitionen	
Variable Produktionsauszahlungen	Variable Produktionsauszahlungen	
Auszahlungen für Kassenhaltung	Auszahlungen für Kassenhaltung	
Entnahmen	Entnahmen	Entnahmen
		Endvermögen

Die Liquidationseinzahlungen in einem bestimmten Zeitpunkt hängen

(a) von der Anzahl der verkauften Maschinen (einer Entscheidungsvariablen) und

(b) vom Veräußerungspreis für Maschinen des jeweiligen Typs mit dem entsprechenden Alter (einer Konstanten)

ab. Gegenüber dem Grundmodell werden zusätzlich folgende Symbole verwendet:

$w_{itt'}$ Anzahl der Aggregate vom Typ i, die im Zeitpunkt t' beschafft wurden und im Zeitpunkt t veräußert werden,

$L_{itt'}$ Liquidationserlös für eine Maschine vom Typ i, wenn diese im Zeitpunkt t' gekauft und im Zeitpunkt t verkauft wird,

$\underline{t'}$ zeitlich am weitesten zurückliegender Beschaffungszeitpunkt von Anlagen

$U_{it'}$ Anzahl der zu Beginn des Planungszeitraums bereits vorhandenen Aggregate vom Typ i, die im Zeitpunkt t' beschafft worden sind.

Die Änderungen, die am Grundmodell nach diesen Vorbereitungen vorgenommen werden müssen, betreffen die Zielfunktion, die Liquiditätsbedingungen und die Produktionsbedingungen.

Zielfunktion

Die Liquidationseinzahlungen in der Zielfunktion sind nur der neuen Symbolik anzupassen. Die Desinvestitionseinzahlungen im Zeitpunkt $t = T$ lauten jetzt

$$\sum_{i=1}^{I} \sum_{t'=\underline{t}}^{T-1} w_{iTt'} L_{iTt'} \, .$$

Liquiditätsbedingungen

Im Grundmodell traten Liquiditätseinzahlungen nur in den entsprechenden Bedingungen des Zeitpunktes $t = T$ auf. Jetzt sind sie in der Form

$$\sum_{i=1}^{I} \sum_{t'=\underline{t}}^{t-1} w_{itt'} L_{itt'}$$

in allen Zeitpunkten zu berücksichtigen.

Produktionsbedingungen

Diese Restriktionen sollen dafür sorgen, dass zu keinem Zeitpunkt auf keinem Maschinentyp mehr gefertigt wird als an Kapazität verfügbar ist. Unter Berücksichtigung von Desinvestitionen beläuft sich die im Zeitpunkt t vorhandene Kapazität von Anlagen des Typs i auf

$$B_i + \sum_{\tau=0}^{t} Z_i x_{i\tau}^{I} - \sum_{\tau=0}^{t} \sum_{t'=\underline{t}}^{t} Z_i w_{i\tau t'} \, .$$

Die Produktionsbedingungen müssen daher jetzt in der Form

$$\sum_{j=1}^{J} D_j m_{ijt} - \sum_{\tau=0}^{t} Z_i x_{i\tau}^{I} + \sum_{\tau=0}^{t} \sum_{t'=\underline{t}}^{t} Z_i w_{i\tau t'} \leq B_i$$

geschrieben werden.

Aggregatbedingungen

Damit ist das Modell jedoch nicht vollständig formuliert. Es ist noch sicherzustellen, dass nur solche Anlagen veräußert werden, die entweder von Anfang an vorhanden waren oder zwischenzeitlich erworben wurden. Das geschieht mit Hilfe der zusätzlich zu berücksichtigenden Aggregatbedingungen. Unmittelbar bevor Maschinen vom Typ i veräußert werden, die im Zeitpunkt t' beschafft worden sind, beläuft sich deren Bestand auf

$$U_{it'} + x_{it'}^{I} - \sum_{\tau=t'}^{t-1} w_{i\tau t'} \, .$$

Das ist der Saldo aus Anfangsbestand, Zukäufen und bereits erfolgten Abgängen. Die im Zeitpunkt t desinvestierte Anzahl von Maschinen dieses Typs darf keinesfalls größer als dieser Bestand sein. Daher muss

$$w_{itt'} \leq U_{it'} + x_{it'}^I - \sum_{\tau=t'}^{t-1} w_{i\tau t'}$$

oder nach geeigneter Umformung

$$\sum_{\tau=t'}^{t} w_{i\tau t'} - x_{it'}^I \leq U_{it'}$$

gelten. Derartige Aggregatbedingungen sind für alle Maschinentypen und alle Beschaffungszeitpunkte vorzusehen.

7.5 Investitionsentscheidungen unter Unsicherheit

1. **μ-σ-Prinzip**
    ← Seite 25

    (a) Man berechnet den Erwartungswert des Gewinns aus

    $$E[\tilde{x}_j] = \sum_{s=1}^{S} x_{js} q_s$$

    und erhält für Alternative 1

    $$E[\tilde{x}_1] = 0{,}4 \cdot 60 + 0{,}3 \cdot 90 + 0{,}3 \cdot 20 = 57$$

    und für Alternative 2 auf entsprechendem Wege

    $$E[\tilde{x}_2] = 58 \,.$$

    (b) Für die Berechnung der Streuung ist

    $$\sigma[\tilde{x}_j] = \sqrt{(x_{js} - E[\tilde{x}_j])^2 q_s}$$

    zu verwenden. Mit den Zahlen der Aufgaben ergibt sich

    $$\sigma[\tilde{x}_1] = \sqrt{0{,}4 \cdot (60 - 57)^2 + 0{,}3 \cdot (90 - 57)^2 + 0{,}3 \cdot (20 - 57)^2}$$
    $$= \sqrt{0{,}4 \cdot 9 + 0{,}3 \cdot 1.089 + 0{,}3 \cdot 1.369}$$
    $$= 27{,}2$$
    $$\sigma[\tilde{x}_2] = 18{,}3 \,.$$

(c) Die Präferenzwerte beider Alternativen belaufen sich auf

$$\Phi(E[\tilde{x}_1], Var[\tilde{x}_1]) = 57 - 0,4 \cdot 27,2 = 46,12 \text{ und}$$
$$\Phi(E[\tilde{x}_2], Var[\tilde{x}_2]) = 58 - 0,4 \cdot 18,3 = 50,68.$$

A_2 ist die optimale Alternative, weil sie den höheren Präferenzwert verspricht.

2. **Risikoneutralität und -aversion**
   ← Seite 25

(a) Die Erwartungswerte der Gewinne beider Alternativen ergeben sich mit

$$E[\tilde{x}_1] = 0,2 \cdot 70 + 0,5 \cdot 80 + 0,3 \cdot 40 = 66 \quad \text{und}$$
$$E[\tilde{x}_2] = 0,2 \cdot 30 + 0,5 \cdot 120 + 0,3 \cdot 0 = 66,$$

so dass beide Alternativen im Lichte des Erwartungswertprinzips gleichwertig sind.

(b) Für die Streuungen erhält man

$$\sigma[\tilde{x}_1] = \sqrt{0,2 \cdot (70 - 66)^2 + 0,5 \cdot (80 - 66)^2 + 0,3 \cdot (40 - 66)^2}$$
$$= 17,4 \quad \text{und}$$
$$\sigma[\tilde{x}_2] = 55,0.$$

Die Präferenzwerte belaufen sich bei Anwendung der Regel

$$\Phi(E[\tilde{x}], Var[\tilde{x}]) = E[\tilde{x}] - 0,05 \cdot \sigma[\tilde{x}]$$

auf

$$\Phi(E[\tilde{x}_1], Var[\tilde{x}_1]) = 66 - 0,05 \cdot 17,4 = 65,13 \quad \text{und}$$
$$\Phi(E[\tilde{x}_2], Var[\tilde{x}_2]) = 66 - 0,05 \cdot 55,0 = 63,25,$$

weswegen A_1 als die bessere Alternative anzusehen ist.

3. **Widerspruch Dominanz- und μ-σ-Prinzip**
   ← Seite 25

Um ein Beispiel zu konstruieren, in dem die Anwendung einer μ-σ^2-Regel in Widerspruch zum Dominanzprinzip gerät, wählt man eine Entscheidungssituation mit zwei Alternativen und zwei (oder mehr) Umweltzuständen, wobei eine Alternative die andere leicht dominiert, zum Beispiel die in Tabelle 7.27 dargestellte Situation.

Tab. 7.27: A_1 dominiert A_2

	Z_1	Z_2	Z_3
	$q_1 = 0,2$	$q_2 = 0,7$	$q_3 = 0,1$
A_1	100	60	40
A_2	95	60	40

Sodann berechnet man Erwartungswerte und Streuungen, wobei man in vorstehendem Beispiel auf

$$E[\tilde{x}_1] \ = \ 66 \qquad \sigma[\tilde{x}_1] \ = \ 18 \qquad\qquad \text{und}$$
$$E[\tilde{x}_2] \ = \ 65 \qquad \sigma[\tilde{x}_2] \ = \ 16,1245$$

kommt. Anschließend verwendet man eine $\mu\text{-}\sigma^2$-Regel des Typs

$$\Phi(E[\tilde{x}], Var[\tilde{x}]) = E[\tilde{x}] - \alpha \cdot \sigma[\tilde{x}]$$

und bestimmt ein kritisches α^*, für das die Präferenzwerte beider Alternativen einander entsprechen, also

$$E[\tilde{x}_1] - \alpha^* \cdot \sigma[\tilde{x}_1] = E[\tilde{x}_2] - \alpha^* \cdot \sigma[\tilde{x}_2] \, .$$

Auflösen nach α^* ergibt

$$\alpha^* = \frac{E[\tilde{x}_1] - E[\tilde{x}_2]}{\sigma[\tilde{x}_1] - \sigma[\tilde{x}_2]} = \frac{66 - 65}{18 - 16,1245} = 0,5332 \, .$$

Wählt man eine $\mu\text{-}\sigma^2$-Regel mit einem α, das diesen Wert übersteigt, so hat man das widersprüchliche Beispiel konstruiert. Man könnte also etwa die Präferenzfunktion $\Phi(E[\tilde{x}], Var[\tilde{x}]) = E[\tilde{x}] - 0,6 \cdot \sigma[\tilde{x}]$ benutzen. Dann ist nämlich

$$\Phi(E[\tilde{x}_1], Var[\tilde{x}_1]) = 66 - 0,6 \cdot 18 = 55,2 \qquad \text{und}$$
$$\Phi(E[\tilde{x}_2], Var[\tilde{x}_2]) = 65 - 0,6 \cdot 16,1245 = 55,3 \quad ,$$

und die dominierende Alternative A_1 hat einen niedrigeren Präferenzwert als die unterlegene Alternative A_2.

4. Lotterien und Risikoeinstellung

← Seite 26

(a) Wenn ein Entscheider das Urteil

$$[200; \ 30 \,|\, 0,4; \ 0,6] \sim 110$$

abgibt, so teilt er mit, dass es ihm gleichgültig ist, ob er 110 € besitzt oder ein Lotterielos, bei dem er mit 40 % Wahrscheinlichkeit 200 € und mit 60 % Wahrscheinlichkeit 30 € gewinnt. Anders ausgedrückt: Er wäre bereit, für eine solche Lotterie einen Preis von 110 € zu bezahlen.

Wird die Wahrscheinlichkeit für den hohen Gewinn (200 €) auf 60 % erhöht und die für den niedrigen Gewinn (30 €) auf 40 % gesenkt, so ist der Entscheider vernünftigerweise bereit, einen höheren Preis zu zahlen, im Beispiel dieser Aufgabe 130 €. Werden die 200 € mit 90 % Wahrscheinlichkeit und die 30 € nur noch mit 10 % in Aussicht gestellt, so würde der Entscheider für das Lotterielos sogar 160 € zahlen.

(b) Risikofreude liegt vor, wenn der Erwartungswert eines Lotteriegewinns kleiner als das Sicherheitsäquivalent ist. Das ist beim ersten Urteil des Entscheiders gegeben, denn

$$0,4 \cdot 200 + 0,6 \cdot 30 < 110 \,.$$

Risikoscheu wird eine Einstellung genannt, bei der der Erwartungswert des Lotteriegewinns größer als das Sicherheitsäquivalent ist. Hiervon ist beim zweiten und dritten Urteil des Entscheiders zu sprechen, weil

$$0,6 \cdot 200 + 0,4 \cdot 30 > 130 \qquad \text{und}$$

$$0,9 \cdot 200 + 0,1 \cdot 30 > 160 \,.$$

Der Entscheider kann also nicht eindeutig als risikofreudig oder risikoscheu bezeichnet werden. Vielmehr ist er im Bereich verhältnismäßig geringer Einkünfte risikofreudig und im Bereich relativ hoher Einkünfte eher risikoscheu.

(c) Nein. Obwohl der Entscheider nicht als eindeutig risikoscheu oder risikofreudig bezeichnet werden kann, liegt kein Verstoß gegen ein Axiom vor, auf denen das Bernoulli-Prinzip beruht.

(d) Die bereits bekannten Urteile des Entscheiders lassen sich um

$$[200, \; 30 \, \| \, 1,00, \; 0,00] \sim 200 \qquad \text{und}$$

$$[200, \; 30 \, | \, 0,00, \; 1,00] \sim 30$$

ergänzen, da ohne Weiteres davon auszugehen ist, dass der Entscheider für sichere 200 € einen Preis von 200 € und für sichere 30 € einen Preis von 30 € zahlt. Mit den so vervollständigten Informationen über die Risikoeinstellung lässt sich die transformierte Entscheidungsmatrix der Tabelle 7.28 aufstellen.

Tab. 7.28: Transformierte Entscheidungsmatrix

	Z_1 $q_1 = 0,4$	Z_2 $q_2 = 0,3$	Z_3 $q_3 = 0,3$
A_1	1,0	0,0	0,4
A_2	0,6	1,0	0,0
A_3	0,0	0,9	1,0

Die Erwartungswerte der Nutzenziffern belaufen sich dann auf

$$E[U(\tilde{x}_1)] = 0,4 \cdot 1 + 0,3 \cdot 0 + 0,3 \cdot 0,4 = 0,52\,,$$

$$E[U(\tilde{x}_2)] = 0,54\,,$$

$$E[U(\tilde{x}_3)] = 0,57\,.$$

Alternative 3 ist daher die für den Entscheider beste Handlungsmöglichkeit.

5. Berechnung der Indifferenzwahrscheinlichkeit
← Seite 26

Äquivalenz zwischen den beiden Lotterien heißt

$$[180;\ 20\,|\,0,6;\ 0,4] \sim [150;\ 60\,|\,p;\ 1-p] \qquad \text{oder}$$

$$0,6 \cdot U(180) + 0,4 \cdot U(20) = p \cdot U(150) + (1-p) \cdot U(60)\,.$$

Auflösen nach p und Einsetzen der Nutzenfunktion $U(x) = \ln x$ führt auf

$$\begin{aligned} p &= \frac{0,6 \cdot \ln 180 + 0,4 \cdot \ln 20 - \ln 60}{\ln 150 - \ln 60} \\ &= \frac{0,6 \cdot 5,19 + 0,4 \cdot 3,00 - 4,09}{5,01 - 4,09} = 0,2435\,. \end{aligned}$$

6. Investitionsentscheidung bei gegebener Nutzenfunktion
← Seite 26

(a) Optimal ist nach dem Bernoulli-Prinzip diejenige Investition, deren Erwartungsnutzen maximal ist. Der Erwartungswert des Nutzens ergibt sich aus

$$E[U(\tilde{x}_j)] = \sum_{s=1}^{S} U(x_{js}) q_s\,.$$

Mit den Zahlen der Beispielsinvestition A heißt das

$$\begin{aligned} E[U(\tilde{x}_A)] &= 0,005 \cdot U(300) + 0,035 \cdot U(500) \\ &\quad + 0,265 \cdot U(700) + 0,343 \cdot U(900) \\ &\quad + 0,287 \cdot U(1.100) + 0,065 \cdot U(1.300) \\ &= 0,005 \cdot 3.600 + 0,035 \cdot 5.500 + 0,265 \cdot 7.080 \\ &\quad + 0,343 \cdot 8.340 + 0,287 \cdot 9.280 + 0,065 \cdot 9.900 \\ &= 8.254,18 \end{aligned}$$

sowie bei entsprechender Rechnung für Projekt B

$$E[U(\tilde{x}_B)] = 8.018,88\,.$$

Demnach ist Projekt A vorzuziehen.

(b) Der Entscheider benutzt eine quadratische Nutzenfunktion. Da vernünftigerweise davon auszugehen ist, dass der Nutzen mit steigendem Einkommen zunimmt oder dass – mit anderen Worten – der Grenznutzen des Einkommens positiv ist, lässt sich immer nur der ansteigende Ast der parabelförmigen Nutzenfunktion verwenden. Wenn dieser degressiv bis zu einem Maximum steigt, so ist der Entscheider risikoscheu. Steigt die Funktion dagegen progressiv von einem Minimum her, so muss man den Entscheider als risikofreudig bezeichnen. Um die Nutzenfunktion des Beispiels in Bezug auf ihren Extremwert zu untersuchen, leitet man sie zweimal nach x ab:

$$U = 150 + 12{,}7x - 0{,}004x^2$$
$$\frac{dU}{dx} = 12{,}7 - 0{,}008x$$
$$\frac{d^2U}{dx^2} = -0{,}008.$$

Die zweite Ableitung ist negativ. Daher handelt es sich bei dem Extremwert ($x = 1.587{,}5$) um ein Maximum. Die Nutzenfunktion steigt bis zu diesem Wert an. Aus alledem folgt, dass der Entscheider risikoscheu ist.

7. Bernoulli-Prinzip

← Seite 27

(a) Die Wahrscheinlichkeit q heißt Indifferenzwahrscheinlichkeit, weil der Entscheider mit ihr gerade indifferent zwischen den beiden angegebenen Lotterien ist. Anders gesagt: Die Erwartungsnutzen beider Alternativen müssen sich entsprechen,

$$E[U(\tilde{x}_A)] = E[U(\tilde{x}_B)]$$
$$0{,}65 \cdot U(196) + 0{,}35 \cdot U(36) = q \cdot U(144) + (1-q) \cdot U(49)$$
$$0{,}65 \cdot (2\sqrt{196} - 2) + 0{,}35 \cdot (2\sqrt{36} - 2) = q \cdot (2\sqrt{144} - 2) + (1-q) \cdot (2\sqrt{49} - 2).$$

Damit die Identität gilt, muss $q = 0{,}84$ sein.

(b) Für die beiden Erwartungsnutzen gilt

$$E[U(\tilde{x}_A)] = 0{,}5 \cdot U(121) + 0{,}3 \cdot U(49) + 0{,}2 \cdot U(64) = 16{,}4$$
$$E[U(\tilde{x}_B)] = 0{,}5 \cdot U(49) + 0{,}3 \cdot U(81) + 0{,}2 \cdot U(Z) = 10{,}4 + 0{,}4\sqrt{Z}.$$

Der Investor entscheidet sich genau dann für Alternative B, wenn ihr Erwartungsnutzen größer ausfällt als bei Alternative A.

$$E[U(\tilde{x}_B)] > E[U(\tilde{x}_A)]$$
$$10{,}4 + 0{,}4\sqrt{Z} > 16{,}4$$

Die Zahlung Z muss demnach größer als 225 sein.

8. Sensitivitätsanalyse

← Seite 27

Als unsicher werden Absatzmengen x und Verkaufspreise p angesehen. Wenn die laufenden Auszahlungen zur Herstellung einer Produkteinheit $k = 5$ betragen, und wenn ferner davon auszugehen ist, dass die Absatzmengen in jedem Jahr um 4 % zunehmen, so kann man die Zahlungsreihe der Investition in der Form

$$z_0 = -1.000$$
$$z_1 = (p - k) \cdot x = (p - 5) \cdot x$$
$$z_2 = (p - 5) \cdot x \cdot 1{,}04$$
$$z_3 = (p - 5) \cdot x \cdot 1{,}04^2$$

schreiben. Gesucht wird nun nach solchen Kombinationen von p und x, die den Investor unter den für ihn geltenden Bedingungen (liquide Mittel von 1.300 €, Sollzins 10 %, Habenzins 5 %) zu einem Endvermögen von mindestens 800 € führen. Dabei ist p der Aufgabenstellung entsprechend nur im Intervall zwischen 8 € und 9 € zu variieren.

Festhalten von p auf einem Wert innerhalb dieses Intervalls (beispielsweise $p = 8{,}50$ €) und systematisches Probieren für den Wert von x erzeugt alternative Zahlungsreihen. Dieses Probierverfahren ist solange fortzusetzen, bis ein x gefunden wird (hier $x = 77{,}07$), das über die daraus resultierende Zahlungsreihe zu einem Endvermögen von 800 € führt. Die Zahlungsreihe lautet in diesem Fall $(z_0; \ldots; z_3) = (-1.000; 269{,}75; 280{,}54; 291{,}76)$, und die Berechnung des Endvermögens ergibt

$$
\begin{aligned}
K_0 &= \ 1.300 - 100 - 1.000{,}00 &&= \ 200{,}00 \\
K_1 &= \ 0 - 100 + 269{,}75 + 1{,}05 \cdot 200{,}00 &&= \ 379{,}75 \\
K_2 &= \ 0 - 100 + 280{,}54 + 1{,}05 \cdot 379{,}75 &&= \ 579{,}28 \\
K_3 &= \ 0 - 100 + 291{,}76 + 1{,}05 \cdot 579{,}28 &&= \ 800{,}00 \quad .
\end{aligned}
$$

Weitere zulässige Kombinationen von p und x, die ein Endvermögen von 800 € generieren, sind in Tabelle 7.29 zusammengestellt.

Tab. 7.29: Kritische Preis-Absatzmengen-Kombinationen

Preis	Absatzmenge
8,00	89,92
8,25	83,00
8,50	77,07
8,75	71,93
9,00	67,44

9. **Berechnung der Amortisationsdauer**

   ← Seite 28

   Beide Investitionen amortisieren sich in genau zwei Jahren. Jedoch ist die Ertragskraft der ersten wesentlich höher als die der zweiten. Daraus lässt sich nur der Schluss ziehen, dass es höchst problematisch wäre, wollte man Investitionsentscheidungen allein auf der Grundlage von Amortisationsüberlegungen treffen.

10. **Risikoanalyse**

    ← Seite 28

    Die Lösungswerte dieser Aufgabe hängen von den Eigenschaften des verwendeten Zufallszahlengenerators sowie der Anzahl der Simulationsläufe ab. Zur Erzeugung einer einzigen Zahlungsreihe braucht man jeweils 15 im Intervall (0,1) gleich verteilte Zufallszahlen r_i. Aus diesen 15 Zufallszahlen sind in jedem Simulationslauf nach folgendem Muster die Elemente der Zahlungsreihe zu erzeugen:

$$z_0 = -150$$

$$z_1 = 15 + 30r_1$$

$$\vdots = \vdots$$

$$z_4 = 15 + 30r_4$$

$$z_5 = 15 + 30r_5$$

$$z_6 = \begin{cases} 10 + 20r_7, & \text{wenn } r_6 \leq 0{,}7 \\ 30 + 10r_7, & \text{wenn } r_6 > 0{,}7 \end{cases}$$

$$\vdots = \vdots$$

$$z_{10} = \begin{cases} 10 + 20r_{15}, & \text{wenn } r_{14} \leq 0{,}7 \\ 30 + 10r_{15}, & \text{wenn } r_{14} > 0{,}7 \end{cases}$$

Benutzt man beispielsweise die Serie von Zufallszahlen

$$
\begin{array}{lllll}
0{,}50242 & 0{,}41088 & 0{,}17351 & 0{,}67797 & 0{,}86408 \\
0{,}11021 & 0{,}59323 & 0{,}00576 & 0{,}53228 & 0{,}94818 \\
0{,}62231 & 0{,}52225 & 0{,}29013 & 0{,}13826 & 0{,}05825 \quad,
\end{array}
$$

so erhält man die Zahlungsreihe

$$
\begin{array}{llll}
z_0 = -150 & z_1 = 30{,}0726 & z_2 = 27{,}3264 & z_3 = 20{,}2053 \\
z_4 = 35{,}3391 & z_5 = 40{,}9224 & z_6 = 21{,}8646 & z_7 = 20{,}6456 \\
z_8 = 36{,}2231 & z_9 = 15{,}8026 & z_{10} = 11{,}165\,,
\end{array}
$$

die bei einem Kalkulationszinssatz von 10 % auf einen Kapitalwert von $NPV = 15{,}49$ führt. Nehmen Sie 1.000 Simulationsläufe nach dem beschriebenen Muster vor, so werden Sie ungefähr die folgenden Ergebnisse erhalten.

(a) Erwartungswert des Kapitalwertes:

$$E[\widetilde{NPV}] = \frac{1}{S} \sum_{s=1}^{S} NPV_s \approx 21,1$$

(b) Die Wahrscheinlichkeitsverteilung der Kapitalwerte ist in Abbildung 7.5 wiedergegeben.

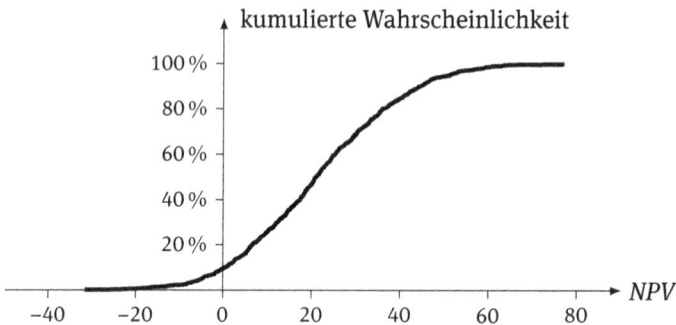

Abb. 7.5: Verteilung von Kapitalwerten im Rahmen eines Simulationsexperiments

(c) Streuung des Kapitalwerts:

$$\sigma[\widetilde{NPV}] = \sqrt{\frac{1}{S} \sum_{s=1}^{S} \left(NPV_s - E[\widetilde{NPV}]\right)^2} \approx 17,4$$

(d) Die Anzahl der Fälle, in denen ein negativer Kapitalwert beobachtet wird, dividiert durch die Anzahl der Simulationsläufe, entspricht bei genügend häufiger Wiederholung der gesuchten Wahrscheinlichkeit. Sie liegt bei etwa 11,4 %.

11. **Sequentielle Investitionsentscheidung**
    ← Seite 28

(a) Wie groß die Wahrscheinlichkeit ist, auf Öl zu stoßen, kann man sich am Zustandsbaum der Abbildung 7.6 klarmachen. Die Wahrscheinlichkeit für einen positiven Ausgang der Bohrung, gleichgültig ob vorher ein Test erfolgt oder nicht, beträgt

$$0,5 \cdot 0,9 + 0,5 \cdot 0,2 = 0,55 .$$

(b) Das Entscheidungsproblem wird durch den in Abbildung 7.7 wiedergegebenen Entscheidungsbaum vollständig beschrieben. Die Zahlen am rechten Rande der Abbildung nennen den Barwert der Zahlungen, mit denen die Ölgesellschaft rechnen kann, wenn ihre eigenen Aktionen und der Zufall sie zu dem betreffenden Zustand der Welt führen.

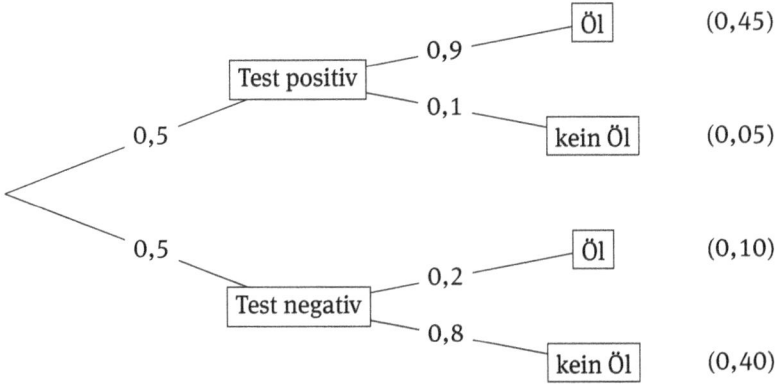

Abb. 7.6: Zustandsbaum

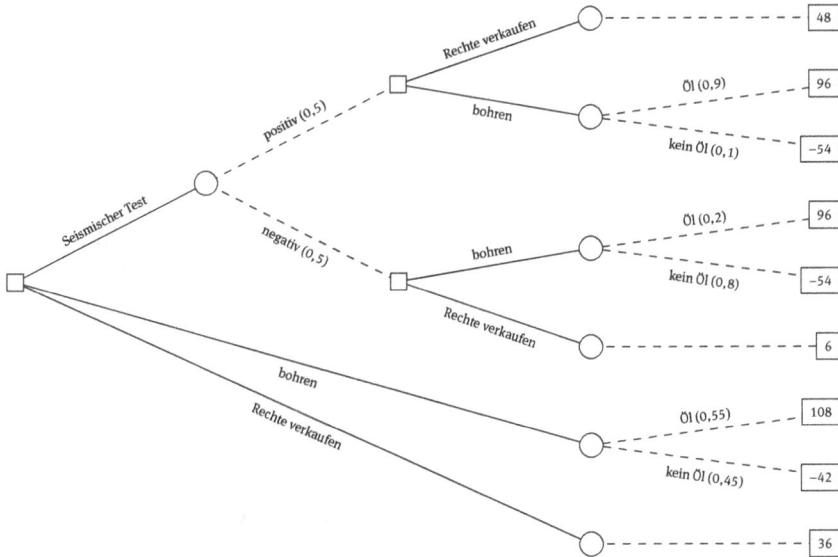

Abb. 7.7: Entscheidungsbaum

(c) Die Gesellschaft ist risikoneutral und sollte daher den Erwartungswert der Barwerte maximieren. Die Strategie mit dem höchsten Erwartungsnutzen lässt sich im vorliegenden Fall mit Hilfe des Rollback-Verfahrens (vgl. Abbildung 7.8) ermitteln.

Verkauft die Ölgesellschaft ihre Bohrrechte sofort, so erzielt sie sichere Einzahlungen in Höhe von 36 Mio. €. Besser ist es, ohne vorherigen seismischen Test die Bohrung niederzubringen, denn der Erwartungswert der Barwerte dieser Aktion beläuft sich auf

$$0,55 \cdot 108 + 0,45 \cdot (-42) = 40,5 \text{ Mio. €.}$$

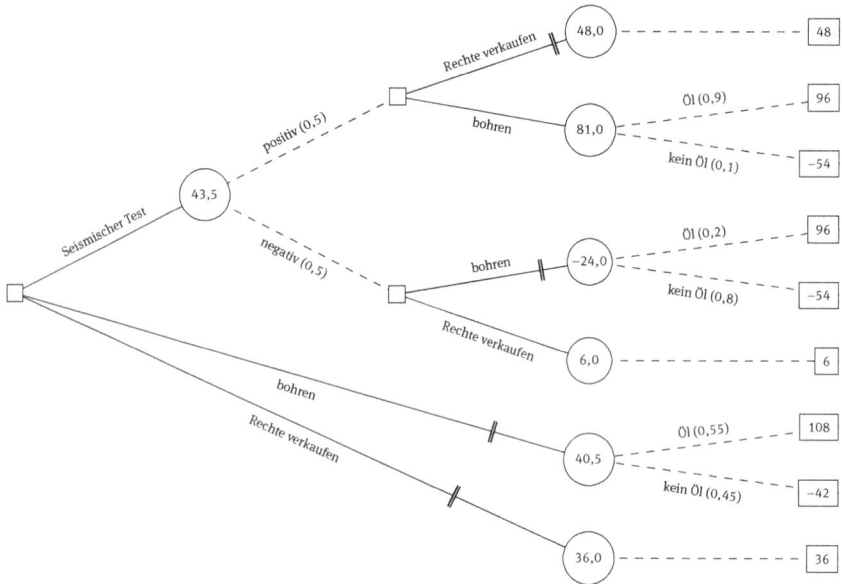

Abb. 7.8: Ermittlung der optimalen Strategie mit Hilfe des Rollback-Verfahrens

Zu bewerten bleibt nun noch die Einholung des geologischen Gutachtens. Geht man davon aus, dass das Gutachten positiv ausfällt, so ist Bohren besser als Verkauf der Rechte, denn die Bohrung erbringt

$$0,9 \cdot 96 + 0,8 \cdot (-54) = 81 \text{ Mio. } €,$$

während der Verkauf der Rechte nur (sichere) 48 Mio. € verspricht. Fällt die Expertise aber negativ aus, so erhält man im Falle der Bohrung

$$0,2 \cdot 96 + 0,8 \cdot (-54) = -24 \text{ Mio. } €,$$

während sich die Bohrrechte immer noch für sichere 6 Mio. € verkaufen lassen. Infolgedessen hat die Erteilung eines Auftrags an das Geologen-Team mit flexibler Reaktion der Ölgesellschaft je nach Ergebnis des seismischen Tests einen Nutzen von

$$0,5 \cdot 81 + 0,5 \cdot 6 = 43,5 \text{ Mio. } €.$$

Das ist die beste aller möglichen Strategien, und deswegen sollte das Gutachten bestellt werden.

(d) Bei starrer Planung werden vier Alternativen betrachtet:
– Sofortiger Verkauf der Bohrrechte, Barwert 36 Mio. €.
– Niederbringen der Bohrung ohne vorhergehenden seismischen Test, Erwartungswert der Barwerte 40,5 Mio. €.

–   Durchführung der geologischen Voruntersuchung und Niederbringen
    der Bohrung unabhängig von den Ergebnissen dieser Untersuchung. Die-
    se Vorgehensweise wird immer von der vorhergehenden Alternative do-
    miniert, weil sie sich von ihr nur durch die sinnlose Inkaufnahme zusätz-
    licher Kosten in Höhe von 12 Mio. € unterscheidet. Der erwartete Barwert
    beläuft sich auf

$$0,55 \cdot 96 + 0,45 \cdot (-54) = 28,5 \text{ Mio. } €.$$

–   Durchführung der geologischen Tests und anschließende Veräußerung
    der Bohrrechte unabhängig vom Testergebnis. Hier erreicht man einen
    Erwartungswert von

$$0,5 \cdot 48 + 0,5 \cdot 6 = 27 \text{ Mio. } €.$$

Alles in allem scheint – bei starrer Planung – daher das Niederbringen der
Bohrung ohne Vorschaltung geologischer Untersuchungen die beste Strategie zu sein.

12. Kovarianz und Korrelation

← Seite 29

Die Kovarianz der beiden Wertpapiere ist als

$$Cov[\tilde{r}_1, \tilde{r}_2] = \sum_{s=1}^{S} (r_{1s} - E[\tilde{r}_1])(r_{1s} - E[\tilde{r}_1]) \, q_s$$

definiert. Die Erwartungswerte der Renditen berechnen sich so:

$$E[\tilde{r}_1] = \sum_{s=1}^{S} r_{1s} q_s$$
$$= 0,5 \cdot 0,07 + 0,4 \cdot 0,11 + 0,1 \cdot 0,21 = 0,10$$
$$E[\tilde{r}_2] = 0,16 .$$

Daher erhält man für die Kovarianz

$$Cov[\tilde{r}_1, \tilde{r}_2] = (0,07 - 0,10)(0,22 - 0,16) \cdot 0,5$$
$$+ (0,11 - 0,10)(0,11 - 0,16) \cdot 0,4$$
$$+ (0,21 - 0,10)(0,06 - 0,16) \cdot 0,1$$
$$= -0,0022 .$$

Der Korrelationskoeffizient ist als

$$\varrho_{12} = \frac{Cov[\tilde{r}_1, \tilde{r}_2]}{\sigma[\tilde{r}_1] \, \sigma[\tilde{r}_2]}$$

definiert. Man muss also noch die Streuungen der beiden Verteilungen berechnen. Für diese gilt

$$\sigma[\tilde{r}_1] = \sqrt{\sum_{s=1}^{S}(r_{1s} - E[\tilde{r}_1])^2 q_s}$$

$$= \sqrt{(0{,}07 - 0{,}1)^2 \cdot 0{,}5 + (0{,}11 - 0{,}1)^2 \cdot 0{,}4 + (0{,}21 - 0{,}1)^2 \cdot 0{,}1}$$

$$= 0{,}0412$$

$$\sigma[\tilde{r}_2] = 0{,}0616\,.$$

Einsetzen in die Definitionsgleichung für den Korrelationskoeffizienten führt zu dem Ergebnis

$$\varrho_{12} = \frac{-0{,}0022}{0{,}0412 \cdot 0{,}0616} = -0{,}8656\,.$$

13. Portfolio mit zwei Wertpapieren
← Seite 29

(a) Die zur Berechnung des Erwartungswerts der Rendite des Portfolios und zur Berechnung des Risikos erforderlichen Formeln (für den Fall von zwei Wertpapieren 1 und 2) lauten

$$E[\tilde{r}_P] = \omega_1 E[\tilde{r}_1] + \omega_2 E[\tilde{r}_2] \qquad \text{und}$$

$$\sigma[\tilde{r}_P] = \sqrt{\omega_1^2 Var[\tilde{r}_1] + \omega_2^2 Var[\tilde{r}_2] + 2\omega_1\omega_2\sigma[\tilde{r}_1]\sigma[\tilde{r}_2]\varrho_{12}}\,.$$

Setzt man die Zahlen der Aufgabe ein, so erhält man für den Fall, dass $\omega_1 = 0{,}75$ und $\omega_2 = 0{,}25$ sind,

$$E[\tilde{r}_P] = 0{,}75 \cdot 0{,}12 + 0{,}25 \cdot 0{,}08 = 0{,}11$$

$$\sigma[\tilde{r}_P] = \big(0{,}75^2 \cdot 0{,}0025 + 0{,}25^2 \cdot 0{,}0009$$

$$+ 2 \cdot 0{,}75 \cdot 0{,}25 \cdot 0{,}05 \cdot 0{,}03 \cdot 0{,}2\big)^{0,5} = 0{,}0397\,.$$

Auf entsprechende Weise ergeben sich für die anderen Portfoliostrukturen die in Tabelle 7.30 zusammengestellten Renditen und Risiken.

(b) Zur Ermittlung der Struktur des risikominimalen Portfolios benutzt man

$$\omega_1 = \frac{Var[\tilde{r}_2] - Cov[\tilde{r}_1, \tilde{r}_2]}{Var[\tilde{r}_1] + Var[\tilde{r}_2] - 2\,Cov[\tilde{r}_1, \tilde{r}_2]}\,.$$

Die Kovarianz berechnet man aus

$$Cov[\tilde{r}_1, \tilde{r}_2] = \sigma[\tilde{r}_1]\,\sigma[\tilde{r}_2]\,\varrho_{12}$$

$$= 0{,}05 \cdot 0{,}03 \cdot 0{,}2 = 0{,}0003\,.$$

Tab. 7.30: Rendite und Risiko von Portfolios

Struktur			
ω_1	ω_2	$E[\tilde{r}_P]$	$\sigma[\tilde{r}_P]$
1,00	0,00	0,12	0,0500
0,75	0,25	0,11	0,0397
0,50	0,50	0,10	0,0316
0,25	0,75	0,09	0,0278
0,00	1,00	0,08	0,0300

Einsetzen ergibt dann

$$\omega_1 = \frac{0,0009 - 0,0003}{0,0025 + 0,0009 - 0,0006} = \frac{3}{14}\,.$$

Wer 70.000 € mit minimalem Risiko anlegen will, muss

$$\frac{3}{14}\cdot 70.000 = 15.000\,\text{€}$$

für Wertpapier 1 und den Rest in Höhe von 55.000 € für Wertpapier 2 ausgeben.

14. **Portfolio mit drei Wertpapieren**

← Seite 30

(a) Bei mehr als zwei Wertpapieren berechnet man den Erwartungswert der Portfoliorendite aus

$$E[\tilde{r}_P] = \sum_{j=1}^{J} \omega_j\, E[\tilde{r}_j]\,,$$

also im Einzelnen

$$E[\tilde{r}_{P1}] = 0\cdot 0,15 + 0,5\cdot 0,2 + 0,5\cdot 0,25 = 0,225$$
$$E[\tilde{r}_{P2}] = 0,21$$
$$E[\tilde{r}_{P3}] = 0,165\,.$$

Für die Streuungen der Portföliorenditen gilt allgemein

$$\sigma[\tilde{r}_P] = \sqrt{\sum_{j=1}^{J}\sum_{k=1}^{J} \omega_j\omega_k Cov[\tilde{r}_j,\tilde{r}_k]}$$

oder in etwas anderer Schreibweise

$$\sigma[\tilde{r}_P] = \sqrt{\sum_{j=1}^{J} \omega_j^2 Var[\tilde{r}_j] + 2\sum_{j=1}^{J}\sum_{k>j}^{J} \omega_j\omega_k\sigma[\tilde{r}_j]\sigma[\tilde{r}_k]\varrho_{jk}}\,.$$

Da im Rahmen der vorliegenden Aufgabe sämtliche Korrelationskoeffizienten null sind, kann man diese Gleichung auch zu

$$\sigma[\tilde{r}_P] = \sqrt{\sum_{j=1}^{J} \omega_j^2 \, Var[\tilde{r}_j]}$$

vereinfachen. Für die drei Portfolios erhält man auf diese Weise

$$\sigma[\tilde{r}_{P1}] = \sqrt{0 \cdot 0{,}04 + 0{,}25 \cdot 0{,}09 + 0{,}25 \cdot 0{,}16} = 0{,}25$$

$$\sigma[\tilde{r}_{P2}] = 0{,}253$$

$$\sigma[\tilde{r}_{P3}] = 0{,}166 \,.$$

(b) Wenn Leerverkäufe zulässig sind, so lässt sich die Struktur eines risikominimalen Portfolios in Abhängigkeit von einer vorzugebenden Portfoliorendite im Falle von drei Wertpapieren bestimmen, indem das Gleichungssystem

$$
\begin{aligned}
1\omega_1 + &\quad 1\omega_2 + &\quad 1\omega_3 + &\quad 0\lambda_1 + 0\lambda_2 &= &\quad 1 \\
E[\tilde{r}_1]\omega_1 + &\quad E[\tilde{r}_2]\omega_2 + &\quad E[\tilde{r}_3]\omega_3 + &\quad 0\lambda_1 + 0\lambda_2 &= &\quad E[\tilde{r}_P] \\
2Cov[\tilde{r}_1,\tilde{r}_1]\omega_1 + &\quad 2Cov[\tilde{r}_1,\tilde{r}_2]\omega_2 + &\quad 2Cov[\tilde{r}_1,\tilde{r}_3]\omega_3 &- E[\tilde{r}_1]\lambda_1 - 1\lambda_2 &= &\quad 0 \\
2Cov[\tilde{r}_2,\tilde{r}_1]\omega_1 + &\quad 2Cov[\tilde{r}_2,\tilde{r}_2]\omega_2 + &\quad 2Cov[\tilde{r}_2,\tilde{r}_3]\omega_3 &- E[\tilde{r}_2]\lambda_1 - 1\lambda_2 &= &\quad 0 \\
2Cov[\tilde{r}_3,\tilde{r}_1]\omega_1 + &\quad 2Cov[\tilde{r}_3,\tilde{r}_2]\omega_2 + &\quad 2Cov[\tilde{r}_3,\tilde{r}_3]\omega_3 &- E[\tilde{r}_3]\lambda_1 - 1\lambda_2 &= &\quad 0
\end{aligned}
$$

gelöst wird. Wird nach einer Wertpapiermischung gesucht, die ebenso wie das Portfolio Nr. 2 eine erwartete Rendite von $E[\tilde{r}_P] = 0.21$ verspricht, so ist unter Berücksichtigung der Tatsache, dass alle Korrelationskoeffizienten null sind, das folgende Gleichungssystem zu lösen.

$$
\begin{aligned}
\omega_1 + &\quad \omega_2 + &\quad \omega_3 &\quad &= &\quad 1 \\
0{,}15\,\omega_1 + &\quad 0{,}20\,\omega_2 + &\quad 0{,}25\,\omega_3 &\quad &= &\quad 0{,}21 \\
0{,}08\,\omega_1 + &\quad 0{,}00\,\omega_2 + &\quad 0{,}00\,\omega_3 &- 0{,}15\,\lambda_1 - \lambda_2 &= &\quad 0 \\
0{,}00\,\omega_1 + &\quad 0{,}18\,\omega_2 + &\quad 0{,}00\,\omega_3 &- 0{,}20\,\lambda_1 - \lambda_2 &= &\quad 0 \\
0{,}00\,\omega_1 + &\quad 0{,}00\,\omega_2 + &\quad 0{,}32\,\omega_3 &- 0{,}25\,\lambda_1 - \lambda_2 &= &\quad 0 \,.
\end{aligned}
$$

Man erhält die Ergebnisse

$$
\begin{aligned}
\omega_1 &= 0{,}2 &\quad \omega_2 &= 0{,}4 &\quad \omega_3 &= 0{,}4 \\
\lambda_1 &= 1{,}12 &\quad \lambda_2 &= -0{,}152 \,.
\end{aligned}
$$

Die gesuchten Portfoliostrukturen sowie ihre erwarteten Renditen und Risiken sind in Tabelle 7.31 zusammengestellt.

15. Risikominimale Mischung
← Seite 31

Der Korrelationskoeffizient zwischen den Renditen der Wertpapiere 1 und 2 ist

$$\varrho_{12} = \frac{Cov[\tilde{r}_1,\tilde{r}_2]}{\sigma[\tilde{r}_1]\,\sigma[\tilde{r}_2]} = \frac{-0{,}08}{0{,}4 \cdot 0{,}2} = -1 \,.$$

Tab. 7.31: Portfoliostrukturen

	Struktur			
ω_1	ω_2	ω_3	$E[\tilde{r}_P]$	$\sigma[\tilde{r}_P]$
0,018	0,464	0,518	0,225	0,2496
0,200	0,400	0,400	0,210	0,2040
0,746	0,207	0,046	0,165	0,1628

Bei perfekter negativer Korrelation kann man durch Herstellung einer geeigneten Mischung eine risikolose Position erreichen. Zur Ermittlung der risikominimalen (hier zugleich risikolosen) Mischung ist auf

$$\omega_1 = \frac{Var[\tilde{r}_2] - Cov[\tilde{r}_1, \tilde{r}_2]}{Var[\tilde{r}_1] + Var[\tilde{r}_2] - 2\,Cov[\tilde{r}_1, \tilde{r}_2]}$$

zurückzugreifen. Einsetzen der Zahlen für die Varianzen und die Kovarianz ergibt

$$\omega_1 = \frac{0{,}04 + 0{,}08}{0{,}16 + 0{,}04 + 0{,}16} = \frac{1}{3}\,.$$

Die erwartete Rendite eines Portfolios, das zu einem Drittel aus Wertpapier 1 und zu zwei Dritteln aus Papier 2 besteht, beträgt

$$E[\tilde{r}_P] = \frac{1 \cdot 0{,}15}{3} + \frac{2 \cdot 0{,}09}{3} = 0{,}11$$

bei einem Risiko von

$$\sigma[\tilde{r}_P] = \sqrt{\frac{1 \cdot 0{,}16}{9} + \frac{4 \cdot 0{,}04}{9} + \frac{2 \cdot 1 \cdot 2 \cdot 0{,}4 \cdot 0{,}2 \cdot (-1)}{3 \cdot 3}} = 0\,.$$

Das Angebot einer risikolosen Verzinsung von 10 % ist unattraktiv, weil ebenfalls ohne Risiko 11 % erreicht werden können.

16. **Naive Diversifikation**

← Seite 31

(a) Die Renditeerwartungswerte der Wertpapiere ergeben sich aus

$$E[\tilde{r}_j] = \sum_{s=1}^{S} r_{js} q_s$$

und mit den Zahlen dieser Aufgabe

$$E[\tilde{r}_1] = 0{,}4 \cdot 0{,}14 + 0{,}2 \cdot 0{,}02 + 0{,}4 \cdot 0{,}09 = 0{,}096$$
$$E[\tilde{r}_2] = 0{,}088\,.$$

(b) Das Risiko wird mit der Standardabweichung gemessen, für die

$$\sigma[\tilde{r}_j] = \sqrt{\sum_{s=1}^{S} (r_{js} - E[\tilde{r}_j])^2 q_s}$$

gilt, so dass man mit den Zahlen für die Papiere 1 und 2

$$\sigma[\tilde{r}_1] = \Big((0,14 - 0,096)^2 \cdot 0,4 + (0,02 - 0,096)^2 \cdot 0,2$$
$$+ (0,09 - 0,096)^2 \cdot 0,4\Big)^{0,5}$$
$$= 0,0441$$
$$\sigma[\tilde{r}_2] = 0,0240$$

erhält.

(c) Die Kovarianz berechnet man aus

$$Cov[\tilde{r}_1, \tilde{r}_2] = (0,14 - 0,096)(0,10 - 0,088) \cdot 0,4$$
$$+ (0,02 - 0,096)(0,12 - 0,088) \cdot 0,2$$
$$+ (0,09 - 0,096)(0,06 - 0,088) \cdot 0,2$$
$$= -0,000208 .$$

Daraus ergibt sich der Korrelationskoeffizient

$$\varrho_{12} = \frac{Cov[\tilde{r}_1, \tilde{r}_2]}{\sigma[\tilde{r}_1]\,\sigma[\tilde{r}_2]} = \frac{-0,000208}{0,0441 \cdot 0,0240} = -0,1966 .$$

(d) Bildet man ein Portfolio, das je zur Hälfte aus den Papieren 1 und 2 besteht, so ergibt sich der Erwartungswert der Portfoliorendite zu

$$E[\tilde{r}_P] = \omega_1 E[\tilde{r}_1] + \omega_2 E[\tilde{r}_2]$$
$$= 0,5 \cdot 0,096 + 0,5 \cdot 0,088 = 0,092 .$$

(e) Die Streuung der Portfoliorendite berechnet man aus

$$\sigma[\tilde{r}_P] = \sqrt{\omega_1^2 Var[\tilde{r}_1] + \omega_2^2 Var[\tilde{r}_2] + 2\omega_1\omega_2 Cov[\tilde{r}_1, \tilde{r}_2]}$$
$$= \Big(0,5^2 \cdot 0,001944 + 0,5^2 \cdot 0,000576$$
$$+ 2 \cdot 0,5 \cdot 0,5 \cdot (-0,000208)\Big)^{0,5}$$
$$= 0,0229 .$$

17. Ineffizientes Portfolio

← Seite 31

Ob ein Portfolio optimal ist oder nicht, kann ohne Kenntnis der Nutzenfunktion des Entscheiders nicht endgültig entschieden werden. Allerdings ist bekannt, dass nur effiziente Portfolios optimal sein können. Es ist also zu prüfen, ob das Portfolio mit der Struktur $\omega_1 = 0,2$ und $\omega_2 = 0,8$ effizient ist. Zu diesem Zweck ermittelt man die Struktur des risikominimalen Portfolios, denn diese Mischung stellt im Zwei-Wertpapier-Fall jenes Portfolio dar, das genau auf der Grenze zwischen den effizienten und den nicht-effizienten Portfolios liegt. Mit den relevanten Daten erhält man für die Struktur des risikominimalen Portfolios

$$\omega_1 = \frac{Var[\tilde{r}_2] - Cov[\tilde{r}_1, \tilde{r}_2]}{Var[\tilde{r}_1] + Var[\tilde{r}_2] - 2\,Cov[\tilde{r}_1, \tilde{r}_2]}$$

$$= \frac{0,000576 + 0,000208}{0,001944 + 0,000576 + 0,000416}$$

$$= 0,267$$

$$\omega_2 = 1 - \omega_1 = 0,733 \,.$$

Das risikominimale Portfolio hat eine Rendite von

$$E[\tilde{r}_P] = 0,267 \cdot 0,096 + 0,733 \cdot 0,088 = 0,0901$$

bei einem Risiko von

$$Var[\tilde{r}_P] = \left(0,267^2 \cdot 0,001944 + 0,733^2 \cdot 0,000576 \right.$$

$$\left. + 2 \cdot 0,267 \cdot 0,733 \cdot (-0,000208) \right)^{0,5}$$

$$= 0,0191 \,.$$

Demgegenüber hat ein Portfolio, in dem das Papier 1 zu 20 % enthalten ist, lediglich eine Rendite von

$$E[\tilde{r}_P] = 0,2 \cdot 0,096 + 0,8 \cdot 0,088 = 0,0896$$

bei einem Risiko von

$$Var[\tilde{r}_P] = \left(0,2^2 \cdot 0,001944 + 0,8^2 \cdot 0,000576 \right.$$

$$\left. + 2 \cdot 0,2 \cdot 0,8 \cdot (-0,000208) \right)^{0,5}$$

$$= 0,0195 \,.$$

Dieses Portfolio wird also vom risikominimalen Portfolio dominiert, weil es diesem sowohl in Bezug auf die erwartete Rendite als auch in Bezug auf das Risiko unterlegen ist. Es ist nicht effizient und kann daher auch nicht optimal sein.

18. **Anwendung des CAPM**

← Seite 31

Unter den Bedingungen des Capital Asset Pricing Models gilt für den Kapitalwert einer Investition

$$NPV = -I_0 + \frac{E[\widetilde{CF}_1]}{1 + r_f + (E[\tilde{r}_M] - r_f) \cdot \beta}$$

und mit den Zahlen des Beispiels

$$NPV = -100 + \frac{144}{1 + 0,05 + (0,09 - 0,05) \cdot 1,2} = 31,15 \,.$$

19. Investitionsbewertung mit dem CAPM

← Seite 32

(a) Um die gesuchten Betafaktoren der drei Wertpapiere zu berechnen, erinnere man sich an die Beta-Schreibweise der CAPM-Renditegleichung,

$$E[\tilde{r}_j] = r_f + (E[\tilde{r}_M] - r_f)\,\beta_j \,,$$

die man mit dem Ergebnis

$$\beta_j = \frac{E[\tilde{r}_j] - r_f}{E[\tilde{r}_M] - r_f} \tag{7.17}$$

nach Beta auflöst. Für die erwartete Marktrendite gilt hier

$$E[\tilde{r}_M] = 0{,}3 \cdot E[\tilde{r}_I] + 0{,}5 \cdot E[\tilde{r}_{II}] + 0{,}2 \cdot E[\tilde{r}_{III}]$$
$$= 0{,}3 \cdot 0{,}12 + 0{,}5 \cdot 0{,}1 + 0{,}2 \cdot 0{,}17 = 0{,}12 \,.$$

Um den risikolosen Zinssatz zu berechnen, wird die Tatsache genutzt, dass der Preis für einen sicheren Euro in $t = 1$ dem Abzinsungsfaktor entspricht.

$$\frac{1}{1 + r_f} = 0{,}9523$$

$$r_f = \frac{1}{0{,}9523} - 1 \,.$$

Der risikolose Zinssatz beträgt folglich $r_f = 0{,}05$. Eingesetzt in Gleichung (7.17) erhält man

$$\beta_I = \frac{0{,}12 - 0{,}05}{0{,}12 - 0{,}05} = 1$$

$$\beta_{II} = \frac{0{,}10 - 0{,}05}{0{,}12 - 0{,}05} = 0{,}7143$$

$$\beta_{III} = \frac{0{,}17 - 0{,}05}{0{,}12 - 0{,}05} = 1{,}7143 \,.$$

Inhaltlich entspricht der Betafaktor einem Sensitivitätsmaß, das angibt, wie stark ein Wertpapier im Vergleich zum Gesamtmarkt schwankt. Wertpapier I schwankt folglich gleich stark, Wertpapier II weniger stark und Wertpapier III stärker als der Gesamtmarkt.

(b) Die erwartete Rendite dieses Portfolios ergibt sich aus

$$E[\tilde{r}_P] = \omega_1\, r_f + \omega_2\, E[\tilde{r}_M]$$
$$= 0{,}3 \cdot 0{,}05 + 0{,}7 \cdot 0{,}12 = 0{,}099 \,.$$

Für den Betafaktor gilt analog

$$\beta_P = \omega_1\, \beta_{r_f} + \omega_2\, \beta_M$$
$$= 0{,}3 \cdot 0 + 0{,}7 \cdot 1 = 0{,}7 \,.$$

(c) Die Investitionsentscheidung lässt sich mit Hilfe des Kapitalwerts treffen,

$$NPV = -I_0 + \frac{E[\widetilde{CF}]}{1 + r_f + (E[\tilde{r}_M] - r_f)\,\beta}$$

$$= -115 + \frac{0,3 \cdot 230 + 0,2 \cdot 70 + 0,5 \cdot 150}{1 + 0,05 + (0,12 - 0,05) \cdot 1,3} = 23,475 \,.$$

Da der Kapitalwert positiv ist, ist die Investition durchzuführen.

20. Betafaktoren

← Seite 32

(a) Mit r_j für die Rendite einer bestimmten Anlage und r_M für die Rendite des Marktes ist der Faktor formal als

$$\text{Betafaktor}_j = \frac{Cov[\tilde{r}_j, \tilde{r}_M]}{Var[\tilde{r}_M]}$$

definiert. Trägt man für einen längeren Beobachtungszeitraum auf der x-Achse die Marktrenditen und auf der y-Achse die Renditen der interessierenden Aktie ab, so ergibt sich ein Streudiagramm wie beispielsweise in Abbildung 7.9. Der Betafaktor repräsentiert die Steigung der (rot markierten) Regressionsgeraden.

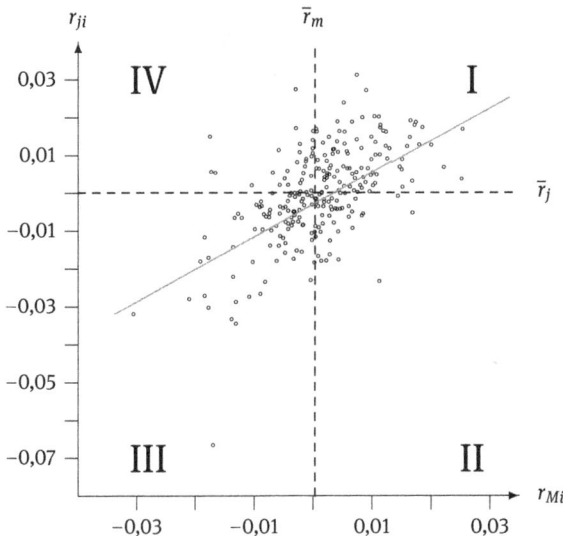

Abb. 7.9: Streudiagramm der Marktrendite und der Rendite einer Aktie j

(b) Man wird sagen können, dass die Geschäfte aus Unternehmen der Versorgungsbranche nicht so konjunkturabhängig sind wie die Geschäfte von Unternehmen aus der HighTech-Branche. Damit schwanken die Renditen von

Versorgungs-Unternehmen mit dem Gesamtmarkt weniger stark als die Renditen von HighTech-Unternehmen. Infolgedessen ist zu erwarten, dass die Betafaktoren das tun, was hier behauptet wird.

(c) Wenn ein Unternehmen sich zunehmend verschuldet, sorgt der Leverage-Effekt dafür, dass die Renditen der Aktionäre stärkeren Schwankungen unterliegen als wenn dasselbe Unternehmen sich nur mäßig verschuldet. Aus diesem Grunde müssen die Betafaktoren stark verschuldeter Unternehmen größer sein als die Betafaktoren unverschuldeter (oder nur mäßig verschuldeter) Unternehmen.

21. Kovarianzrisiko
← Seite 32

Betrachtet wird eine Investition, mit der man
– gut verdient, wenn sich die Konjunktur schlecht entwickelt, und
– schlecht verdient, wenn sich die Konjunktur gut entwickelt.

Das ist – wie es scheint – eine riskante Investition. Ob man für diese Investition jedoch eine positive Risikoprämie verlangen muss, hängt davon ab, in welchem Umfeld dieses Projekt realisiert wird. Falls man mit den bereits realisierten Projekten des Investors
– gut verdient, wenn sich die Konjunktur gut entwickelt, und
– schlecht verdient, wenn sich die Konjunktur schlecht entwickelt,

dann trägt das oben skizzierte Projekt zur Risikoverminderung (oder sogar zur Risikovernichtung) bei. Es kommt also entscheidend darauf an, wie sich das Gesamtrisiko des Investors durch ein bestimmtes Projekt verändert.

22. Durchschnittliche Kapitalkosten
← Seite 33

(a) Grundsätzlich ermittelt man im Steuerfall die durchschnittlichen Kapitalkosten aus

$$WACC = k^F \cdot (1 - s) \cdot \frac{FK}{EK + FK} + k^{E,l} \cdot \frac{EK}{EK + FK} \, .$$

Wird vorausgesetzt, dass das Capital Asset Pricing Model gültig ist, so ergeben sich die Kapitalkosten zu

$$k^F = r_f + (E[\tilde{r}_M] - r_f) \cdot \beta^F$$
$$= 0{,}04 + (0{,}10 - 0{,}04) \cdot 0{,}1 = 4{,}6\,\% \qquad \text{und}$$
$$k^{E,l} = r_f + (E[\tilde{r}_M] - r_f) \cdot \beta^{E,l}$$
$$= 0{,}04 + (0{,}10 - 0{,}04) \cdot 1{,}2 = 11{,}2\,\% \, ,$$

woraus für die durchschnittlichen Kapitalkosten

$$WACC = 0{,}046 \cdot (1 - 0{,}35) \cdot 0{,}6 + 0{,}112 \cdot 0{,}4 = 6{,}274\,\%$$

folgt. Abzinsen der erwarteten Cashflows mit diesem Kalkulationszinssatz führt auf

$$PV = \frac{E[\widetilde{CF}] \cdot (1-s)}{WACC} = \frac{25.000 \cdot (1-0,35)}{0,06274} = 259.005 \,€.$$

Größer darf die Anschaffungsauszahlung für das Projekt nicht sein.

(b) Es empfiehlt sich, die Miles-Ezzell-Anpassungsformel

$$\beta_t^{E,l} = \beta^{E,u}\left(1 + \frac{1 + r_f(1-s)}{1+r_f} L_t\right) - \beta^F(1-s) L_t \tag{7.18}$$

zu verwenden. Die bisherige Fremdkapitalquote liegt bei $\lambda_0 = 60\%$, was einem Verschuldungsgrad von $L_0 = \frac{\lambda_0}{1-\lambda_0} = \frac{0,6}{1-0,6} = 1,5$ entspricht. Bei einer geplanten Fremdkapitalquote von $\lambda_1 = \lambda_2 = \ldots = 50\%$ hat man es künftig mit einem Verschuldungsgrad von $L_1 = L_2 = \ldots = \frac{0,5}{1-0,5} = 1$ zu tun. Unlevering mit diesen und den weiteren Zahlen der Aufgabe führt auf einen Betafaktor für das fiktiv unverschuldete Unternehmen in Höhe von

$$\beta^{E,u} = \frac{\beta_0^{E,l} + \beta^F(1-s)L_0}{1 + \frac{1+r_f(1-s)}{1+r_f}L_0} = \frac{1,2 + 0,1 \cdot (1-0,35) \cdot 1,5}{1 + \frac{1+0,04 \cdot (1-0,35)}{1+0,04} \cdot 1,5} \approx 0,5232 \,.$$

Relevering mit dem geplanten Verschuldungsgrad ergibt

$$\beta_t^{E,l} \approx 0,5232 \cdot \left(1 + \frac{1 + 0,04 \cdot (1-0,35)}{1+0,04} \cdot 1\right) - 0,1 \cdot (1-0,35) \cdot 1$$

$$\approx 0,9744 \,,$$

woraus sich ein Eigenkapitalkostensatz in Höhe von

$$k^{E,l} \approx 0,04 + (0,10 - 0,04) \cdot 0,9744 \approx 9,846\%$$

ableiten lässt. Das führt auf durchschnittliche Kapitalkosten von

$$WACC \approx 0,046 \cdot (1-0,35) \cdot 0,5 + 0,09846 \cdot 0,5 \approx 6,418\% \,.$$

Der Preis, welcher für das Projekt höchstens bezahlt werden sollte, beläuft sich daher bei stärkerer Eigenfinanzierung nur noch auf

$$PV \approx \frac{25.000 \cdot (1-0,35)}{0,06418} \approx 253.194 \,€\,.$$

Von der Fremdfinanzierung geht also eine günstige Wirkung auf die Investitionsentscheidung aus. Das liegt daran, dass das hier verwendete Bewertungsmodell unterstellt, der Fiskus würde die Fremdfinanzierung subventionieren.

23. Anpassungsformel für Beta

← Seite 33

(a) Wenn unterstellt werden darf, dass es sich bei der geplanten Investition um ein Projekt handelt, dessen Risiko dem durchschnittlichen Risiko des Unternehmens entspricht, so macht es Sinn, auf das bisherige Aktien-Beta in Höhe von $\beta^{E,l} = 1,4$ zurückzugreifen. Allerdings muss man sich darüber klar sein, dass das Aktien-Beta von der Verschuldungspolitik des Investors beeinflusst wird.

Setzt man voraus, dass die Fremdkapitalposition vollkommen sicher ist ($\beta^F = 0$), und lässt man ferner die Einflüsse der Besteuerung unberücksichtigt ($s = 0$), so verkümmert Gleichung (7.18), die diesen Zusammenhang allgemein beschreibt, zu

$$\beta_t^{E,l} = \beta^{E,u} (1 + L_t)$$
$$\beta^{E,u} = \beta_t^{E,l} \cdot (1 - \lambda_t) \,. \tag{7.19}$$

Man erkennt dabei zugleich, dass zwischen Eigenkapitalquote und Verschuldungsgrad die Beziehung

$$1 - \lambda_t = \frac{EK_t}{FK_t + EK_t} = \frac{1}{\frac{EK_t + FK_t}{EK_t}} = \frac{1}{1 + L_t} \tag{7.20}$$

besteht. Um das reine Geschäftsrisiko, dem der Investor ausgesetzt ist, zu berechnen, muss man nur in (7.19) einsetzen. Das ergibt

$$\beta^{E,u} = 1,4 \cdot \frac{1}{1+2} = 0,4667 \,.$$

(b) Würde man die Investition vollkommen eigenfinanzieren, so müsste man gemäß CAPM mit einem Kalkulationszinssatz von

$$k = k^{E,u} = r_f + (E[\tilde{r}_m] - r_f) \cdot \beta^{E,u}$$
$$= 0,07 + 0,03 \cdot 0,4667 = 8,4\,\%$$

rechnen.

(c) Nun wird aber ein Verschuldungsgrad von 1,5 angestrebt. Auflösen von (7.19) nach dem neuen Aktien-Beta ergibt

$$\beta_t^{E,l} = \beta^{E,u} \cdot (1 + L_t) \quad \forall t \geq 1$$
$$= 0,4667 \cdot (1 + 1,5) = 1,1667 \,.$$

Damit erhält man auf der Grundlage des CAPM Eigenkapitalkosten in Höhe von

$$k_t^{E,l} = r_f + (E[\tilde{r}_m] - r_f) \cdot \beta_t^{E,l}$$
$$= 0,07 + 0,03 \cdot 1,1667 = 10,5\,\% \,.$$

(d) Um die durchschnittlichen Kapitalkosten zu ermitteln, muss man den angestrebten Verschuldungsgrad zunächst wieder in die Eigen- und die Fremdkapitalquote umrechnen. Man erhält

$$1 - \lambda_t = \frac{1}{1 + 1,5} = 0,4 \quad \text{und} \quad \lambda_t = 0,6 \quad \forall t \geq 1.$$

Einsetzen in die Definitionsgleichung der durchschnittlichen Kapitalkosten führt schließlich auf

$$k_t = WACC_t = k^F \cdot \lambda_t + k_t^{E,l} \cdot (1 - \lambda_t)$$
$$= 0,07 \cdot 0,6 + 0,105 \cdot 0,4 = 8,4\,\%.$$

Das ist ebenso, als würde man mit vollkommener Eigenfinanzierung des Projekts arbeiten.[2]

(e) Die Investition lohnt sich unter diesen Umständen, weil ihr Kapitalwert positiv ist. Er beläuft sich unter Verwendung von Kapitalkosten in Höhe von 8,4 % auf

$$NPV = -1.000 + \frac{130}{0,084} = 547,62.$$

24. Anpassungsformel für Kapitalkosten

← Seite 34

(a) Um die gewogenen durchschnittlichen Kapitalkosten zu ermitteln, kann man die Lehrbuchformel verwenden, die bei Vernachlässigung von Steuern ($s = 0$) die Form

$$WACC_t = k^F \lambda_t + k_t^{E,l} (1 - \lambda_t)$$

besitzt. Die Miles-Ezzell-Anpassungsformel degeneriert unter diesen Umständen zu

$$\beta_t^{E,l} = \beta^{E,u} (1 + L_t) - \beta^F L_t,$$

woraus sich unter Verwendung der CAPM-Gleichung

$$k_t^{(\cdot)} = r_f + \underbrace{(E[\tilde{r}_M] - r_f)}_{MRP} \beta_t^{(\cdot)}$$

die Darstellung

$$WACC_t = \left(r_f + MRP\,\beta^F \right) \lambda_t + \left(r_f + MRP \left(\beta^{E,u}(1 + L_t) - \beta^F L_t \right) \right) (1 - \lambda_t)$$

---

2 Für Kenner grundlegender finanzierungstheoretischer Zusammenhänge ist dieses Resultat wenig überraschend. Wenn man nämlich voraussetzt, dass das CAPM gilt, so gelten auch die Thesen von *Modigliani* und *Miller*. Diese besagen, dass die Kapitalkosten unabhängig von der Kapitalstruktur sind, wenn es keine Steuereinflüsse gibt.

ergibt, die sich wegen des Zusammenhangs (7.20) zu

$$WACC_t = r_f + \beta^F \, MRP \, (\lambda_t - L_t(1 - \lambda_t)) + MRP \, \beta^{E,u}$$

umformen lässt. Der mittlere Term fällt weg, weil

$$\lambda_t - L_t(1 - \lambda_t) = \frac{FK_t}{EK_t + FK_t} - \frac{FK_t}{EK_t} \cdot \frac{EK_t}{EK_t + FK_t} = 0$$

ist. Mithin verbleibt

$$WACC_t = r_f + MRP \, \beta^{E,u} = k^{E,u}. \tag{7.21}$$

Wenn der Investor nicht besteuert wird, stimmen also die gewogenen durchschnittlichen Kapitalkosten mit der Renditeforderung der Eigentümer im Falle der vollständigen Eigenfinanzierung überein. Eben diese Behauptung findet sich auch in Fußnote 2.

(b) Will man die Eigenkapitalkosten im Falle der Verschuldung ermitteln, greift man auf die Lehrbuchformel

$$WACC_t = k^F (1 - s) \lambda_t + k_t^{E,l} (1 - \lambda_t)$$

zurück. Bei fehlender Besteuerung und unter Berücksichtigung von (7.21) wird daraus

$$k^{E,u} = k^F \lambda_t + k_t^{E,l} (1 - \lambda_t) \quad .$$

Auflösen nach $k_t^{E,l}$ führt nach geeigneter Umformung auf

$$k_t^{E,l} = k^{E,u} + \left(k^{E,u} - k^F \right) L_t \quad .$$

Einsetzen der relevanten Zahlen ergibt

$$k_t^{E,l} = 0{,}15 + (0{,}15 - 0{,}10) \cdot 2 = 20\,\%.$$

(c) Der Kapitalwert des geplanten Investitionsprojektes ergibt sich, indem man die erwarteten Cashflows mit den durchschnittlichen Kapitalkosten in Höhe von $WACC_1 = \ldots = WACC_3 = 0{,}15$ diskontiert. Er ist unter den angenommenen Umständen negativ, weshalb das Projekt abzulehnen wäre. Die Rechnung lautet im Einzelnen

$$NPV = -100 + \frac{30}{1{,}15^1} + \frac{60}{1{,}15^2} + \frac{40}{1{,}15^3} = -2{,}24.$$

25. Durchschnittliche Kapitalkosten

← Seite 34

(a) Man geht von der Gleichung für die gewogenen durchschnittlichen Kapitalkosten (ohne Steuern)

$$WACC_t = k^F \lambda_t + k_t^{E,l} \cdot (1 - \lambda_t)$$

aus und löst diese nach dem Eigenkapitalkostensatz auf. Das führt auf

$$k^{E,l} = WACC \, (1 + L_t) - k^F \, L_t \ .$$

Setzt man nun die gegebenen Zahlen ein, so erhält man

$$k^{E,l} = 0,10 \cdot (1 + 3) - 0,08 \cdot 3 = 16,00 \,\%.$$

(b) Natürlich liegen die durchschnittlichen Kapitalkosten bei $WACC = 10\,\%$,
wenn die *Modigliani-Miller*-Thesen gelten. Das ergibt sich auch aus

$$WACC = k^F \lambda_t + k^{E,l} (1 - \lambda_t)$$
$$= 0,08 \cdot 0,75 + 0,16 \cdot 0,25 = 10,00 \,\%.$$

8 Probeklausuren

8.1 Klausur 1

Die Klausur dauert 90 Minuten. Maximal können 90 Punkte erreicht werden.

1. **Investitionsrechnung unter Sicherheit [30 Punkte]**
   → Seite 114

   Gegeben seien die beiden Investitionsprojekte A und B mit den nachstehenden Zahlungsreihen. Der Kapitalmarkt ist vollkommen und unbeschränkt. Der Kalkulationszinssatz beträgt 10 %.

Zeitpunkt	0	1	2	3
Projekt A	−990	2.050	−1.600	3.000
Projekt B	−750	0	1.150	2.100
Basiszahlungen	0	1.800	−800	−750

   (a) Vergleichen Sie die beiden Projekte mit Hilfe der Kapitalwertmethode. Welches Projekt würden Sie durchführen?

   (b) Berechnen Sie das gesamte jährliche konstante Entnahmeniveau von Projekt A. Im Zeitpunkt $t = 0$ wird keine Entnahme gewünscht, und es gilt $K_T = 0$.

   (c) Ändert sich Ihre Entscheidung aus Teilaufgabe (a), wenn eine Einkommensteuer mit $s_e = 50\%$ eingeführt wird und Sie 50 % sofort abschreiben und die restlichen 50 % linear über die gesamte Laufzeit verteilen? Es gelten die Annahmen des Standardmodells.

   (d) Welches Projekt werden Sie durchführen, wenn die Zinskurve nun nicht mehr flach ist, und folgende Zinssätze von 0 bis t gelten?

Zeitpunkt	1	2	3
Zinssatz	8 %	10 %	12 %

   Steuern werden nicht erhoben.

2. **Investitionsrechnung unter Unsicherheit [20 Punkte]**
   → Seite 115

   Die zustandsabhängigen Cashflows zweier Investitionsalternativen sind in der nachstehenden Tabelle angegeben.

Zustand	A	B	C
Wahrscheinlichkeit	$q_A = 0{,}25$	$q_B = 0{,}4 \cdot q_A$	q_C
Alternative 1	80	−50	10
Alternative 2	59	2	117

https://doi.org/10.1515/9783110609578-008

Nehmen Sie an, dass sich alle Investoren nach dem μ-σ-Prinzip entscheiden und dass sich die Investitionsauszahlungen beider Alternativen entsprechen.

(a) Bestimmen Sie die Eintrittswahrscheinlichkeit der Zustände B und C.

(b) Welche der beiden Alternativen bevorzugt ein risikoneutraler Investor?

(c) Welche der beiden Alternativen bevorzugt ein Investor, dessen Präferenzfunktion $\Phi(E[\tilde{x}], Var[\tilde{x}]) = E[\tilde{x}] - 2 \cdot Var[\tilde{x}]$ lautet? Welche Risikoeinstellung zeichnet den Investor aus? Begründen Sie Ihre Antwort kurz.

(d) Skizzieren Sie den Verlauf der Isopräferenzkurven eines risikofreudigen Investors in dem üblichen $E[\tilde{x}]$-$Var[\tilde{x}]$-Diagramm.

3. **Multiple Choice [40 Punkte]**

→ Seite 116

Kreuzen Sie die richtigen Aussagen an! Es ist stets genau eine Aussage richtig. Für jedes richtige Kreuz erhalten Sie 2 Punkte, für jedes falsche Kreuz dagegen 2 Minuspunkte. Insgesamt können in dieser Aufgabe nicht weniger als 0 Punkte erreicht werden.

(a) Unter der Annahme eines vollkommenen und beschränkten Kapitalmarkts

○ ist der Net-Present-Value ein geeignetes Bewertungsinstrument für Investitionen.

○ kann man optimale Entscheidungen auf der Grundlage vollständiger Finanzpläne treffen.

(b) Sie wollen die erwartete Rendite der Siemons Aktie berechnen. Ihnen sind folgende Marktdaten bekannt: $E[\tilde{r}_M] = 0,16$; $r_f = 0,05$; $\beta = 1,4$. Die erwartete Siemons-Rendite beträgt

○ $E[\tilde{r}_s] = 0,274$.

○ $E[\tilde{r}_s] = 0,204$.

(c) Im Standardmodell tritt bei steigendem Steuersatz s_e und positiven Cashflows stets dann ein Steuerparadoxon auf, wenn

○ eine Sofortabschreibung zulässig ist.

○ der Steuereffekt auf den Zinssatz und auf die Abschreibungen größer ist als der Steuereffekt auf die Cashflows.

(d) Wenn zwei Aktien perfekt negativ korreliert sind,

○ so ist es bei geeigneter Auswahl ihrer Anteile in einem Portfolio möglich, eine risikolose Position zu erhalten.

○ so entwickeln sich die beiden Aktien stets schlechter als der Gesamtmarkt.

(e) Risikoaverse Investoren sind nur bereit, riskante Investitionen zu tätigen, wenn

○ sie indifferent zwischen sicheren und unsicheren Zahlungen sind.

○ das Investitionsprojekt eine angemessene Risikoprämie verspricht.

(f) Sie erwerben in $t = 0$ eine IB-Aktie zum Kurs S_0 und schließen gleichzeitig einen Short-Call mit Basispreis K auf die IB-Aktie ab. Ihr Portfolio verspricht Ihnen somit in $t = 1$ eine Auszahlung
   ○ in Höhe von K, wenn $S_1 < K$ gilt.
   ○ in Höhe von K, wenn $S_1 > K$ gilt.

(g) Der Rentenbarwert ist ceteris paribus um so kleiner, je
   ○ größer der Zinssatz i ist.
   ○ größer die Rentenzahlung r ist.

(h) Ihre Bank bietet eine zweijährige Geldanlage zu einem Zinssatz von 5 % p.a. an. Sie können Ihr Geld aber auch zunächst ein Jahr lang zum Zins von 4 % anlegen. Welcher Zins wird am arbitragefreien Kapitalmarkt für eine einjährige Terminanlage von $t = 1$ bis $t = 2$ angeboten?
   ○ Der Terminzins muss ungefähr 2 % betragen.
   ○ Der Terminzins muss ungefähr 6 % betragen.

(i) Im Standardmodell ergeben sich bei einem positiven Steuersatz s_e
   ○ Steuervorteile aufgrund von Abschreibungen.
   ○ umso höhere Steuervorteile, je später die Abschreibungen vorgenommen werden.

(j) Der Kapitalwert eines unendlich lange laufenden Projekts mit gleichbleibenden Cashflows
   ○ ist unendlich.
   ○ lässt sich als Differenz zwischen dem Rentenbarwert einer ewigen Rente und der Investitionsauszahlung bestimmen.

(k) In der Erwartungsnutzentheorie entscheidet sich ein Investor
   ○ für die Alternative mit dem höchsten Nutzen des Erwartungswertes der zustandsabhängigen Zahlungen.
   ○ für die Alternative mit dem höchsten erwarteten Nutzen.

(l) Die Durchführung einer Investition ist immer dann vorteilhaft, wenn
   ○ der Preis der Investition kleiner als der Barwert der Projektcashflows ist.
   ○ der faire Preis kleiner als die Investitionsauszahlung ist.

(m) Gehen Sie von der Präferenzfunktion $\Phi(E[\tilde{x}], Var[\tilde{x}]) = E[\tilde{x}] + \alpha\,\sigma[\tilde{x}]$ aus. Im Falle eines risikoaversen Investors muss in diesem Fall
   ○ $\alpha > 0$ gelten.
   ○ $\alpha < 0$ gelten.

(n) Ein Kapitalmarkt wird genau dann als vollständig bezeichnet, wenn aus den am Kapitalmarkt verfügbaren Finanztiteln stets ein Portfolio gebildet werden kann,
   ○ das die gleichen Rückflüsse liefert wie die zu bewertende Sachinvestition.
   ○ das als risikolose Gewinnmöglichkeit interpretiert werden kann.

(o) Besitzt eine Aktie ein Beta $\beta = 1,2$, so
   ○ schwankt die Rendite der Aktie stärker als der Gesamtmarkt.
   ○ ist die Aktie rentabler als der Gesamtmarkt.

(p) Der Kapitalwert bei einer nicht-flachen Zinskurve

   ○ ist stets größer als der *NPV* bei einer flachen Zinskurve.

   ○ kann entweder anhand der Kassa- oder der Terminzinssätze bestimmt werden.

(q) Sie halten in Ihrem Wertpapierportfolio drei Aktien mit folgenden Angaben

	Aktie I	Aktie II	Aktie III
Portfolioanteil	$\omega_1 = 0{,}4$	$\omega_2 = 0{,}3$	$\omega_3 = 0{,}3$
Erwartete Rendite	$E[\tilde{r}_I] = 1{,}2$	$E[\tilde{r}_{II}] = 0{,}5$	$E[\tilde{r}_{III}] = -0{,}9$

Somit beträgt Ihre erwartete Portfoliorendite

   ○ $E[\tilde{r}_p] = 0{,}36$.

   ○ $E[\tilde{r}_p] = 0{,}48$.

(r) Die Cashflows zweier Projekte A und B besitzen gleiche Erwartungswerte $E[\tilde{x}_A] = E[\tilde{x}_B]$. Die Standardabweichung der Cashflows von Projekt A ist jedoch fünfmal größer als die von Projekt B. Ein risikoaverser Investor, der sich nach $\Phi(E[\tilde{x}], Var[\tilde{x}]) = E[\tilde{x}] - 0{,}8 \cdot \sigma[\tilde{x}]$ entscheidet, präferiert daher

   ○ Projekt A.

   ○ Projekt B.

(s) Ein Investor mit der Nutzenfunktion $U(x) = 2\sqrt{x}$ muss zwischen zwei Alternativen A und B entscheiden.

   $A : [196;\ 36 \,|\, 0{,}25;\ 0{,}75]$ und $B : [144;\ 49 \,|\, p;\ 1-p]$.

Er entscheidet sich für Alternative A, wenn die Wahrscheinlichkeit p

   ○ mindestens 20 % beträgt.

   ○ unter 20 % liegt.

(t) Eine Investition ist durch einen *NPV* in Höhe von 103,3058 € gekennzeichnet. Der Kapitalmarktzins beträgt 10 %. Die Zahlungsreihe der Investition sieht wie folgt aus:

Zeitpunkt	0	1	2
Investition	−500	300	CF_2

Der Cashflow in $t = 2$ beträgt

   ○ 400 €.

   ○ 500 €.

8.2 Klausur 2

Die Klausur dauert 90 Minuten. Maximal können 90 Punkte erreicht werden.

1. **Simultane Investitions- und Finanzplanung [30 Punkte]**
   → Seite 119

   Ein Investor kann die in Tabelle 8.1 zusammengestellten Investitionsprojekte durchführen.

Tab. 8.1: Investitionsprojekte

Projekt i	z'_{i0}	z'_{i1}	Interner Zinssatz r'_i
1	−4.000	5.000	25 %
2	−6.000	9.000	50 %
3	−1.000	3.000	200 %
4	−8.000	14.400	80 %
5	−4.000	5.600	40 %
6	−5.000	7.000	40 %
7	−1.000	1.600	60 %
8	−2.000	2.400	20 %

Er besitzt Eigenmittel in Höhe von 2.000, die er am Kapitalmarkt zu 10 % anlegen kann. Darüber hinaus stehen ihm die in Tabelle 8.2 genannten Kreditmöglichkeiten offen.

Tab. 8.2: Finanzierungsmöglichkeiten

Kreditart j	1	2	3	4	5
Zinssatz r^F_j	20 %	10 %	45 %	30 %	35 %
Höchstbetrag	8.000	4.000	10.000	2.000	4.000

Die Investitions- und Finanzierungsprojekte seien voneinander vollkommen unabhängig und beliebig teilbar. Jedes Projekt kann höchstens einmal in das Programm aufgenommen werden.

(a) Welche Investitions- und Finanzierungsprojekte wird der Investor wählen, wenn es sein Ziel ist, sein Endvermögen in $T = 1$ zu maximieren? Es sei keinerlei Konsum geplant.

(b) Berechnen Sie das Endvermögen des Investors in $T = 1$, wenn er das optimale Programm aus Aufgabenteil (a) wählt.

(c) Wie hoch ist der endogene Kalkulationszinsfuß?

(d) Abweichend von Fragestellung (a) stehen neben den Eigenmitteln nur die beiden Kredite 1 und 2 zur Verfügung. Welche Projekte werden nun realisiert?

2. **Investitionsrechnung unter Sicherheit [20 Punkte]**
   → Seite 121

   Ihnen liegen folgende Informationen über die Zahlungsreihe eines Investitionsprojektes und über die projektunabhängigen Basiszahlungen vor.

Zeitpunkt	0	1	2	3
Cashflows des Projekts	−1.250	−40	250	1.200
Basiszahlungen	110	400	1.000	−10

   Die Entnahmen sollen sich in jedem Zeitpunkt auf 50 belaufen. Über die Kassazinssätze für Geldanlagen und -aufnahmen haben Sie folgende Information:

Kassazins	$i_{0,1}$	$i_{0,2}$	$i_{0,3}$
	6 %	8 %	10 %

   (a) Berechnen Sie die (impliziten) Terminzinssätze $i_{1,2}$ und $i_{2,3}$.
   (b) Nehmen Sie an, dass ein Kreditlimit in Höhe von 1.400 besteht. Entscheiden Sie über die Projektdurchführung, wenn es Ihr Ziel ist, das Endvermögen zu maximieren. Stellen Sie zu diesem Zweck die Finanzpläne der beiden Handlungsalternativen auf und verwenden Sie dabei die relevanten Zinssätze.
   (c) Welche Annahmen müssen allgemein erfüllt sein, damit Sie für Investitionsentscheidungen auch die Kapitalwertmethode heranziehen können? Erläutern Sie Ihre Antwort kurz.
   (d) Nehmen Sie nun an, dass alle Annahmen erfüllt sind, um die Kapitalwertmethode verwenden zu können. Ermitteln Sie den Kapitalwert des Investitionsprojektes.

3. **Multiple Choice [40 Punkte]**
   → Seite 122

   (a) Gilt die Fisher-Separation, dann
   ○ können Konsum- und Investitionsentscheidungen unabhängig voneinander getroffen werden.
   ○ müssen die Zeitpräferenzen der einzelnen Individuen berücksichtigt werden.

   (b) Der Kapitalwert einer Investition im Standardmodell ist genau dann null, wenn
   ○ der Steuersatz 100 % beträgt.
   ○ der Kapitalmarktzinssatz null ist.

(c) Die Preise der reinen Wertpapiere sind eindeutig bestimmt, wenn
○ der Kapitalmarkt vollständig und arbitragefrei ist.
○ es lineare Abhängigkeit zwischen den Preisen der gehandelten Wertpapieren gibt.

(d) Bei der Einbeziehung von Steuern in die Investitionsrechnung werden in erster Linie
○ Ertragsteuern berücksichtigt.
○ Substanzsteuern berücksichtigt.

(e) Bei der Annuitätenmethode
○ wird eine Entnahmestruktur in Form einer vorschüssigen Rente, die im Zeitpunkt $t = 0$ anfängt, angenommen.
○ müssen die Kapitalwerte von Investitionen mit verschiedenen Laufzeiten als gleichbleibende Rente auf eine einheitliche Periodenzahl verteilt werden.

(f) Bei der Ermittlung der Steuerschuld gibt das Steuerobjekt an,
○ welcher Tatbestand die Steuerpflicht auslöst.
○ wovon die Höhe der Steuerzahlungen abhängt.

(g) Der Kapitalwert eines Projektes wächst bei steigendem Steuersatz, wenn
○ keine Sofortabschreibung zulässig ist.
○ sich der Steuereffekt auf den Zinssatz und der Effekt auf die Cashflows genau ausgleichen.

(h) Bei der Erwartungsnutzentheorie zeichnet sich ein risikoneutraler Investor dadurch aus, dass
○ der Nutzen des Erwartungswertes dem erwarteten Nutzen entspricht.
○ sein Nutzen durch eine konkave Funktion beschrieben wird.

(i) Wird eine Put-Option erworben, so
○ wird der Käufer diese nur ausüben, wenn der aktuelle Kurs des underlying asset über dem Basispreis liegt.
○ hat der Inhaber das Recht, das underlying asset für einen festgelegten Preis zu verkaufen.

(j) Im Standardmodell der Investitionsrechnung
○ bleibt die Unterlassungsalternative meistens unbesteuert.
○ reagiert der Kapitalwert negativ auf eine Verschiebung der Abschreibungen in spätere Perioden.

(k) Der Basispreis einer Option
○ variiert mit der Kursentwicklung des underlying asset.
○ wird bei Vertragsabschluss zwischen den Parteien festgelegt.

(l) Bei einem Zinssatz von 6 % und einem Rentenendwert, der das Zehnfache der gleichbleibenden Rente beträgt, beläuft sich die Laufzeit der Rente auf
○ 8,07 Jahre.
○ 7,79 Jahre.

(m) Für den Kapitalwert einer Investition gilt immer

○ $NPV = \dfrac{\Delta K_T}{(1 + i)^T}$.

○ $NPV = \Delta C \dfrac{(1 + i)^T \cdot i}{(1 + i)^T - 1}$.

(n) Bei den statischen Investitionsrechnungen

○ können Endvermögens- und Einkommensmaximierung im Gegensatz zu den dynamischen Investitionsrechnugnen zu unterschiedlichen Entscheidungen führen.

○ bleibt die zeitliche Struktur der Zahlungen unberücksichtigt.

(o) Von Wahlentscheidungen ist dann die Rede,

○ wenn die Verwendungsdauer von sich gegenseitig ausschließenden Investitionsprojekten fest liegt.

○ wenn es um Investitions- und Finanzierungsentscheidungen geht.

(p) Ein Entscheidungsträger hat eine Nutzenfunktion der Form $U(x) = \sqrt{x}$. Gestellt vor die Wahl zwischen zwei Lotterien

$$A : [180;\ 20\,|\,0{,}6;\ 0{,}4]\ \text{und}\ B : [150;\ 60\,|\,0{,}2;\ 0{,}8]$$

entscheidet er sich für

○ Lotterie A.

○ Lotterie B.

(q) In der Investitionsrechnung unter Unsicherheit

○ wird bei den Korrekturverfahren untersucht, ob sich eine Investition selbst im Worst-Case-Szenario lohnt.

○ wird bei der Sensitivitätsanalyse die Gültigkeit der Axiome rationalen Verhaltens unterstellt.

(r) Das Entscheidungskriterium der Methode der internen Zinsfüße besagt, dass

○ Investitionen mit dem niedrigsten internen Zinssatz zu bevorzugen sind.

○ Investitionen zu unterlassen sind, bei denen der interne Zinssatz kleiner als der Marktzins ist.

(s) Ein negativer Kapitalwert bedeutet, dass

○ die Kassenhaltung der Investitionsdurchführung vorzuziehen ist.

○ der tatsächliche Preis der Investition höher als der faire Preis ist.

(t) Das Wertpapier X weist einen Betafaktor in Höhe von 0,8 auf. Der risikolose Zinssatz beträgt $r_f = 10\,\%$ und die erwartete Rendite des Gesamtmarktes 20 %. Nach dem *Capital Asset Pricing Model* beläuft sich

○ die erwartete Rendite des Wertpapiers X auf 26 %.

○ die Risikoprämie des Wertpapiers X auf 0,08.

8.3 Lösung zu Klausur 1

1. **Investitionsrechnung unter Sicherheit [30 Punkte]**
   ← Seite 106

   (a) Zu berechnen sind die Kapitalwerte der beiden Projekte (ohne Steuern):

$$NPV^A = -990 + \frac{2.050}{1 + 0,1} + \frac{-1.600}{(1 + 0,1)^2} + \frac{3.000}{(1 + 0,1)^3}$$

$$= 1.805,27$$

$$NPV^B = -750 + \frac{0}{1 + 0,1} + \frac{1.150}{(1 + 0,1)^2} + \frac{2.100}{(1 + 0,1)^3}$$

$$= 1.778,17$$

Projekt A sollte durchgeführt werden, da der Kapitalwert größer ist als bei Projekt B.

   (b) Wird das gesamte Entnahmeniveau ab $t = 1$ berechnet, so muss der Barwert aller projektunabhängigen und projektabhängigen Zahlungen mit dem Annuitätenfaktor multipliziert werden,

$$C = \left(\sum_{t=0}^{T} \frac{M_t}{(1 + i)^t} - \frac{K_T}{(1 + i)^T} + NPV \right) \cdot \frac{(1 + i)^n\, i}{(1 + i)^n - 1}$$

$$= \left(0 + \frac{1.800}{(1 + 0,1)^1} + \frac{-800}{(1 + 0,1)^2} + \frac{-750}{(1 + 0,1)^3} - 0 + 1.805,27 \right) \cdot \frac{(1 + 0,1)^3 \cdot 0,1}{(1 + 0,1)^3 - 1}$$

$$= 891,48\,.$$

   (c) Beide Kapitalwerte sind nach dem Standardmodell

$$NPV^S = -I_0 + s_e\, AfA_0 + \sum_{t=1}^{T} \frac{CF_t(1 - s_e) + s_e\, AfA_t}{1 + i(1 - s_e)^t}$$

zu berechnen. Die Abschreibungen lauten

	AfA_0	AfA_1	AfA_2	AfA_3
Projekt A	495	165	165	165
Projekt B	375	125	125	125

Für den Nachsteuerzinssatz gilt $i^* = i(1 - s_e) = 0,1 \cdot 0,5 = 0,05$. Die Kapitalwerte ergeben sich damit zu

$$NPV^A = -990 + 0,5 \cdot 495 + \frac{2.050 \cdot (1 - 0,5) + 0,5 \cdot 165}{1 + 0,05}$$

$$+ \frac{-1.600 \cdot (1 - 0,5) + 0,5 \cdot 165}{(1 + 0,05)^2} + \frac{3.000 \cdot (1 - 0,5) + 0,5 \cdot 165}{(1 + 0,05)^3} = 1.028,49$$

und

$$NPV^B = -750 + 0,5 \cdot 375 + \frac{0 \cdot (1 - 0,5) + 0,5 \cdot 125}{1 + 0,05}$$

$$+ \frac{1.150 \cdot (1 - 0,5) + 0,5 \cdot 125}{(1 + 0,05)^2} + \frac{2.100 \cdot (1 - 0,5) + 0,5 \cdot 125}{(1 + 0,05)^3} = 1.036,27$$

Im Gegensatz zum Ergebnis der Teilaufgabe 1a ist jetzt Projekt B am vorteilhaftesten.

(d) Bei normaler Zinskurve kann der Kapitalwert wahlweise mit Hilfe von Termin- oder Kassazinssätzen ermittelt werden. Da hier die Kassazinssätze gegeben sind, erhält man

$$NPV^A = -990 + \frac{2.050}{1 + 0,08} + \frac{-1.600}{(1 + 0,1)^2} + \frac{3.000}{(1 + 0,12)^3}$$

$$= 1.721,17$$

$$NPV^B = -750 + \frac{0}{1 + 0,08} + \frac{1.150}{(1 + 0,1)^2} + \frac{2.100}{(1 + 0,12)^3}$$

$$= 1.695,15 \,.$$

Der Investor entscheidet sich unter diesen Bedingungen für das Investitionsprojekt A.

2. **Investitionsrechnung unter Unsicherheit [20 Punkte]**

← Seite 106

(a) Die Eintrittswahrscheinlichkeit für den Zustand B beträgt $q_B = 0,4 \cdot 0,25 = 0,1$. Da sich alle Eintrittswahrscheinlichkeiten zu 100 % addieren müssen, gilt für den letzten Zustand C

$$q_C = 1 - q_A - q_B = 1 - 0,25 - 0,1 = 0,65 \,.$$

(b) Ein risikoneutraler Investor orientiert sich nur anhand der Erwartungswerte, besitzt also die Präferenzfunktion $\Phi(E[\tilde{x}]) = E[\tilde{x}]$. Die Präferenzwerte belaufen sich auf

$$\Phi(E[\tilde{x}_A]) = E[\tilde{x}_A] = 0,25 \cdot 80 + 0,1 \cdot (-50) + 0,65 \cdot 10 = 21,5$$

$$\Phi(E[\tilde{x}_B]) = E[\tilde{x}_B] = 0,25 \cdot 59 + 0,1 \cdot 2 + 0,65 \cdot 117 = 91 \,.$$

Der Investor sollte sich daher für die Alternative 2 entscheiden.

(c) Dieser Investor entscheidet anhand der Erwartungswerte und Varianzen. Diese ergeben sich zu

$$Var[\tilde{x}_A] = 0,25 \cdot 80^2 + 0,1 \cdot (-50)^2 + 0,65 \cdot 10^2 - 21,5^2 = 1.452,75$$

$$Var[\tilde{x}_B] = 0,25 \cdot 59^2 + 0,1 \cdot 2^2 + 0,65 \cdot 117^2 - 91^2 = 1.487,5 \,.$$

Für die Präferenzwerte erhält man

$$\Phi(E[\tilde{x}_A], Var[\tilde{x}_A]) = 21,5 - 2 \cdot 1.452,75 = -2.884$$

$$\Phi(E[\tilde{x}_B], Var[\tilde{x}_B]) = 91 - 2 \cdot 1.487,5 = -2.884 \,.$$

Der Investor ist indifferent zwischen den beiden Alternative. Im übrigen ist er risikoavers, da sich der Präferenzwert $\Phi(\cdot)$ bei steigendem Risiko $Var[\tilde{x}]$ verringert.

(d) Die Isopräferenzkurven haben einen fallenden Verlauf, da risikofreudige Investoren bei Übernahme von zusätzlichem Risiko ($Var[\tilde{x}]$) bereit sind, auf erwarteten Ertrag ($E[\tilde{x}]$) zu verzichten. Ein exemplarischer Verlauf ist in Abbildung 8.1 zu sehen.

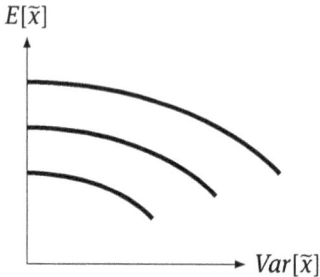

Abb. 8.1: Isopräferenzkurven eines risikofreudigen Entscheiders

3. Multiple Choice [40 Punkte]

← Seite 107

(a) Unter der Annahme eines vollkommenen und beschränkten Kapitalmarkts
○ ist der Net-Present-Value ein geeignetes Bewertungsinstrument für Investitionen.
⊗ kann man optimale Entscheidungen auf der Grundlage vollständiger Finanzpläne treffen.

(b) Sie wollen die erwartete Rendite der Siemens Aktie berechnen. Ihnen sind folgende Marktdaten bekannt: $E[\tilde{r}_M] = 0,16$; $r_f = 0,05$; $\beta = 1,4$. Die erwartete Siemens-Rendite beträgt
○ $E[\tilde{r}_s] = 0,274$.
⊗ $E[\tilde{r}_s] = 0,204$.

(c) Im Standardmodell tritt bei steigendem Steuersatz s_e und positiven Cashflows stets dann ein Steuerparadoxon auf, wenn
○ eine Sofortabschreibung zulässig ist.
⊗ der Steuereffekt auf den Zinssatz und auf die Abschreibungen größer ist als der Steuereffekt auf die Cashflows.

(d) Wenn zwei Aktien perfekt negativ korreliert sind,
⊗ so ist es bei geeigneter Auswahl ihrer Anteile in einem Portfolio möglich, eine risikolose Position zu erhalten.
○ so entwickeln sich die beiden Aktien stets schlechter als der Gesamtmarkt.

(e) Risikoaverse Investoren sind nur bereit, riskante Investitionen zu tätigen, wenn

○ sie indifferent zwischen sicheren und unsicheren Zahlungen sind.

⊗ das Investitionsprojekt eine angemessene Risikoprämie verspricht.

(f) Sie erwerben in $t = 0$ eine IB-Aktie zum Kurs S_0 und schließen gleichzeitig einen Short-Call mit Basispreis K auf die IB-Aktie ab. Ihr Portfolio verspricht Ihnen somit in $t = 1$ eine Auszahlung

○ in Höhe von K, wenn $S_1 < K$ gilt.

⊗ in Höhe von K, wenn $S_1 > K$ gilt.

(g) Der Rentenbarwert ist ceteris paribus um so kleiner, je

⊗ größer der Zinssatz i ist.

○ größer die Rentenzahlung r ist.

(h) Ihre Bank bietet eine zweijährige Geldanlage zu einem Zinssatz von 5 % p.a. an. Sie können Ihr Geld aber auch zunächst ein Jahr lang zum Zins von 4 % anlegen. Welcher Zins wird am arbitragefreien Kapitalmarkt für eine einjährige Terminanlage von $t = 1$ bis $t = 2$ angeboten?

○ Der Terminzins muss ungefähr 2 % betragen.

⊗ Der Terminzins muss ungefähr 6 % betragen.

(i) Im Standardmodell ergeben sich bei einem positiven Steuersatz s_e

⊗ Steuervorteile aufgrund von Abschreibungen.

○ umso höhere Steuervorteile, je später die Abschreibungen vorgenommen werden.

(j) Der Kapitalwert eines unendlich lange laufenden Projekts mit gleichbleibenden Cashflows

○ ist unendlich.

⊗ lässt sich als Differenz zwischen dem Rentenbarwert einer ewigen Rente und der Investitionsauszahlung bestimmen.

(k) In der Erwartungsnutzentheorie entscheidet sich ein Investor

○ für die Alternative mit dem höchsten Nutzen des Erwartungswertes der zustandsabhängigen Zahlungen.

⊗ für die Alternative mit dem höchsten erwarteten Nutzen.

(l) Die Durchführung einer Investition ist immer dann vorteilhaft, wenn

⊗ der Preis der Investition kleiner als der Barwert der Projektcashflows ist.

○ der faire Preis kleiner als die Investitionsauszahlung ist.

(m) Gehen Sie von der Präferenzfunktion $\Phi(E[\tilde{x}], Var[\tilde{x}]) = E[\tilde{x}] + \alpha\,\sigma[\tilde{x}]$ aus. Im Falle eines risikoaversen Investors muss in diesem Fall

○ $\alpha > 0$ gelten.

⊗ $\alpha < 0$ gelten.

(n) Ein Kapitalmarkt wird genau dann als vollständig bezeichnet, wenn aus den am Kapitalmarkt verfügbaren Finanztiteln stets ein Portfolio gebildet werden kann,

$\otimes$ das die gleichen Rückflüsse liefert wie die zu bewertende Sachinvestition.
$\bigcirc$ das als risikolose Gewinnmöglichkeit interpretiert werden kann.

(o) Besitzt eine Aktie ein Beta $\beta = 1{,}2$, so
$\otimes$ schwankt die Rendite der Aktie stärker als der Gesamtmarkt.
$\bigcirc$ ist die Aktie rentabler als der Gesamtmarkt.

(p) Der Kapitalwert bei einer nicht-flachen Zinskurve
$\bigcirc$ ist stets größer als der NPV bei einer flachen Zinskurve.
$\otimes$ kann entweder anhand der Kassa- oder der Terminzinssätze bestimmt werden.

(q) Sie halten in Ihrem Wertpapierportfolio drei Aktien mit folgenden Angaben

	Aktie I	Aktie II	Aktie III
Portfolioanteil	$\omega_1 = 0{,}4$	$\omega_2 = 0{,}3$	$\omega_3 = 0{,}3$
Erwartete Rendite	$E[\tilde{r}_I] = 1{,}2$	$E[\tilde{r}_{II}] = 0{,}5$	$E[\tilde{r}_{III}] = -0{,}9$

Somit beträgt Ihre erwartete Portfoliorendite
$\otimes$ $E[\tilde{r}_p] = 0{,}36$.
$\bigcirc$ $E[\tilde{r}_p] = 0{,}48$.

(r) Die Cashflows zweier Projekte A und B besitzen gleiche Erwartungswerte $E[\tilde{x}_A] = E[\tilde{x}_B]$. Die Standardabweichung der Cashflows von Projekt A ist jedoch fünfmal größer als die von Projekt B. Ein risikoaverser Investor, der sich nach $\Phi(E[\tilde{x}], Var[\tilde{x}]) = E[\tilde{x}] - 0{,}8 \cdot \sigma[\tilde{x}]$ entscheidet, präferiert daher
$\bigcirc$ Projekt A.
$\otimes$ Projekt B.

(s) Ein Investor mit der Nutzenfunktion $U(x) = 2\sqrt{x}$ muss zwischen zwei Alternativen A und B entscheiden,
$$A : [196;\ 36 \,|\, 0{,}25;\ 0{,}75] \text{ und } B : [144;\ 49 \,\|\, p;\ 1 - p].$$
Er entscheidet sich für Alternative A, wenn die Wahrscheinlichkeit p
$\bigcirc$ mindestens 20 % beträgt.
$\otimes$ unter 20 % liegt.

(t) Eine Investition ist durch einen NPV in Höhe von 103,3058 € gekennzeichnet. Der Kapitalmarktzins beträgt 10 %. Die Zahlungsreihe der Investition sieht wie folgt aus:

	$t = 0$	$t = 1$	$t = 2$
Investition	-500	300	CF_2

Der Cashflow in $t = 2$ beträgt
$\otimes$ 400 €.
$\bigcirc$ 500 €.

8.4 Lösung zu Klausur 2

1. **Simultane Investitions- und Finanzplanung [30 Punkte]**
← Seite 110

(a) Die Rangfolge der Projekte wird anhand der internen Zinssätze vorgenommen. Bei Investitionen wird in absteigender Ordnung priorisiert; bei Finanzierungsprojekten in aufsteigender Ordnung. Zu berücksichtigen ist, dass der Einsatz der Eigenmittel eine zusätzliche Finanzierungsmöglichkeit darstellt. Die Eigenkapitalkosten (Rendite) betragen 10 %.

Rangfolge Investitionen i	$I_3 > I_4 > I_7 > I_2 > I_5 \sim I_6 > I_1 > I_8$
Rangfolge Finanzierungen j	$EK \sim FK_2 > FK_1 > FK_4 > FK_5 > FK_3$

Die Programmentscheidung lässt sich grafisch wie folgt lösen, wobei das Optimum durch den Schnittpunkt der Kapitalnachfragefunktion und der Kapitalangebotsfunktion bestimmt wird. Alle Projekte links des Schnittpunktes werden realisiert.

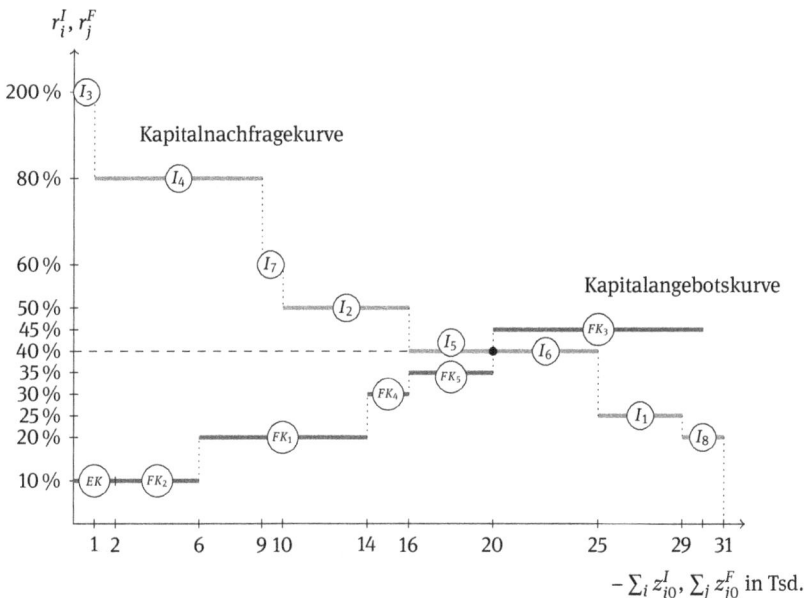

Abb. 8.2: Grafische Ermittlung des optimalen Programms

Folglich werden die Investitionsprojekte I_3, I_4, I_7, I_2 und I_5 (oder $\frac{4}{5}$ von I_6) durchgeführt. Finanziert wird mit Eigenmitteln sowie den Kreditverträgen

FK_2, FK_1, FK_4 und FK_5.

Alternativ lässt sich das optimale Investitions- und Finanzprogramm tabellarisch lösen, siehe Tabelle 8.3.

Tab. 8.3: Tabellarische Ermittlung des optimalen Programms gemäß Aufgabe 1a

Kapitalnachfrage				Kapitalangebot			
Investitionsprojekt	Interner Zinssatz	Kapitalbedarf	Kumulierter Kapitalbedarf	Kumulierter Finanz.-umfang	Finanz.-umfang	Interner Zinssatz	Finanzierungsprojekt
3	2,00	1.000	1.000	1.000	1.000	0,10	EK
4	0,80	1.000	2.000	2.000	1.000	0,10	EK
4	0,80	4.000	6.000	6.000	4.000	0,10	2
4	0,80	3.000	9.000	9.000	3.000	0,20	1
7	0,60	1.000	10.000	10.000	1.000	0,20	1
2	0,50	4.000	14.000	14.000	4.000	0,20	1
2	0,50	2.000	16.000	16.000	2.000	0,30	4
5	0,40	4.000	20.000	20.000	4.000	0,35	5
6	0,40	5.000	25.000	25.000	5.000	0,45	3
1	0,25	4.000	29.000	29.000	4.000	0,45	3
8	0,20	1.000	30.000	30.000	1.000	0,45	3
8	0,20	1.000	31.000				

(b) Das Vermögen des Investors setzt sich in $T = 1$ aus den Einzahlungen der Investitionen

$$3.000 + 14.400 + 1.600 + 9.000 + 5.600 = 33.600 \, \text{€}$$

abzüglich der Rückzahlungen für die Finanzierungsquellen

$$2.000 \cdot 1{,}1 + 4.000 \cdot 1{,}1 + 8.000 \cdot 1{,}2 + 2.000 \cdot 1{,}3$$
$$+ 4.000 \cdot 1{,}35 = 24.200 \, \text{€}$$

zusammen. Es beträgt folglich 9.400 €.

(c) Der endogene Kalkulationszinssatz (cut-off-rate) markiert den Schnittpunkt zwischen der Kapitalangebots- und der Kapitalnachfragekurve. Dieser Schnittpunkt beläuft sich im Zahlenbeispiel auf $i^* = 40\,\%$.

(d) In diesem Fall hat sich die Rangfolge der Investitions- und Finanzierungsprojekte nicht geändert. Im Gegensatz zu Aufgabenteil (a) beträgt das maximale Finanzierungsvolumen nun jedoch nur 14.000: 2.000 aus Eigenmitteln, 4.000 aus Kreditvertrag 2 und 8.000 aus Kreditvertrag 1. Realisiert werden können demnach nur die Investitionsprojekte I_3, I_4, I_7 und ein Anteil in Höhe von $\frac{2}{3}$ des Projektes I_2, siehe Tabelle 8.4.

Tab. 8.4: Tabellarische Ermittlung des optimalen Programms gemäß Aufgabe 1d

Kapitalnachfrage				Kapitalangebot			
Investitions-projekt	Interner Zinssatz	Kapital-bedarf	Kumulierter Kapital-bedarf	Kumulierter Finanz.-umfang	Finanz.-umfang	Interner Zinssatz	Finanzierungs-projekt
3	2,00	1.000	1.000	1.000	1.000	0,10	EK
4	0,80	1.000	2.000	2.000	1.000	0,10	EK
4	0,80	4.000	6.000	6.000	4.000	0,10	2
4	0,80	3.000	9.000	9.000	3.000	0,20	1
7	0,60	1.000	10.000	10.000	1.000	0,20	1
2	0,50	4.000	14.000	14.000	4.000	0,20	1
2	0,50	2.000	16.000				
5	0,40	4.000	20.000				
6	0,40	5.000	25.000				
1	0,25	4.000	29.000				
8	0,20	2.000	31.000				

2. **Investitionsrechnung unter Sicherheit [20 Punkte]**

← Seite 111

(a) Bei Arbitragefreiheit gilt der allgemeine Zusammenhang

$$(1 + i_{0,1})(1 + i_{1,2}) = (1 + i_{0,2})^2.$$

Daraus folgt für das Zahlenbeispiel

$$i_{1,2} = \frac{(1 + i_{0,2})^2}{(1 + i_{0,1})} - 1 = \frac{1{,}08^2}{1{,}06} - 1 = 0{,}1004.$$

Analog gilt

$$(1 + i_{0,2})^2(1 + i_{2,3}) = (1 + i_{0,3})^3$$

$$i_{2,3} = \frac{(1 + i_{0,3})^3}{(1 + i_{0,2})^2} - 1 = \frac{1{,}1^3}{1{,}08^2} - 1 = 0{,}1411.$$

(b) Es sind zwei Finanzpläne wie in Tabelle 8.5 aufzustellen, einer für Projektdurchführung und einer für den Fall der Unterlassungsalternative. Die relevanten Zinssätze sind die Terminzinsen. Man sollte die Unterlassungsalternative wählen, da hier das Endvermögen höher ist als bei Durchführung der Investition. Das Kreditlimit wird in keinem Zeitpunkt überschritten.

(c) Der Kapitalmarkt muss zum einen vollkommen sein. Das bedeutet, dass sich Soll- und Habenzinssatz entsprechen. Zum anderen muss der Kapitalmarkt unbeschränkt sein. Es darf also kein Finanzierungslimit geben.

Tab. 8.5: Zwei vollständige Finanzpläne

Durchführung	$t = 0$	$t = 1$	$t = 2$	$t = 3$
Investition	−1.250	−40	250	1.200
Basiszahlungen	110	400	1.000	−10
Konsum	−50	−50	−50	−50
Erg.-Finanzierung	1.190	−1.261,4		
Erg.-Finanzierung		951,4	−1.046,92	
Erg.-Investition			−153,08	174,68
Endvermögen	0	0	0	1.314,68
Unterlassung	$t = 0$	$t = 1$	$t = 2$	$t = 3$
Basiszahlungen	110	400	1.000	−10
Konsum	−50	−50	−50	−50
Erg.-Investition	−60	63,6		
Erg.-Investition		−413,6	455,13	
Erg.-Investition			−1.405,13	1.603,39
Endvermögen	0	0	0	1.543,39

(d) Der Kapitalwert ist entweder über Kassazinsen

$$NPV = -I_0 + \sum_{t=1}^{T} \frac{CF_t}{(1 + i_{0,t})^t}$$
$$= -1.250 + \frac{-40}{1,06} + \frac{250}{1,08^2} + \frac{1.200}{1,1^3}$$
$$= -171,82.$$

oder mit Hilfe von Terminzinsen zu berechnen,

$$NPV = -I_0 + \sum_{t=1}^{T} \frac{CF_t}{\Pi_{s=1}^{t}(1 + i_{s-1,s})}$$
$$= -1.250 + \frac{-40}{1,06} + \frac{250}{1,06 \cdot 1,1004} + \frac{1.200}{1,06 \cdot 1,1004 \cdot 1,1411}$$
$$= -171,83.$$

In jedem Fall ist die Unterlassungsalternative zu bevorzugen. Die Abweichung ergibt sich aufgrund gerundeter Terminzinsen.

3. **Multiple Choice [40 Punkte]**

← Seite 111

(a) Gilt die Fisher-Separation, dann

⊗ können Konsum- und Investitionsentscheidungen unabhängig voneinander getroffen werden.

◯ müssen die Zeitpräferenzen der einzelnen Individuen berücksichtigt werden.

(b) Der Kapitalwert einer Investition im Standardmodell ist genau dann null, wenn

⊗ der Steuersatz 100 % beträgt.

◯ der Kapitalmarktzinssatz null ist.

(c) Die Preise der reinen Wertpapiere sind eindeutig bestimmt, wenn

⊗ der Kapitalmarkt vollständig und arbitragefrei ist.

◯ es lineare Abhängigkeit zwischen den Preisen der gehandelten Wertpapieren gibt.

(d) Bei der Einbeziehung von Steuern in die Investitionsrechnung werden in erster Linie

⊗ Ertragsteuern berücksichtigt.

◯ Substanzsteuern berücksichtigt.

(e) Bei der Annuitätenmethode

◯ wird eine Entnahmestruktur in Form einer vorschüssigen Rente, die im Zeitpunkt t=0 anfängt, angenommen.

⊗ müssen die Kapitalwerte von Investitionen mit verschiedenen Laufzeiten als gleichbleibende Rente auf eine einheitliche Periodenzahl verteilt werden.

(f) Bei der Ermittlung der Steuerschuld gibt das Steuerobjekt an,

⊗ welcher Tatbestand die Steuerpflicht auslöst.

◯ wovon die Höhe der Steuerzahlungen abhängt.

(g) Der Kapitalwert eines Projektes wächst bei steigendem Steuersatz, wenn

◯ keine Sofortabschreibung zulässig ist.

⊗ sich der Steuereffekt auf den Zinssatz und der Effekt auf die Cashflows genau ausgleichen.

(h) Bei der Erwartungsnutzentheorie zeichnet sich ein risikoneutraler Investor dadurch aus, dass

⊗ der Nutzen des Erwartungswertes dem erwarteten Nutzen entspricht.

◯ sein Nutzen durch eine konkave Funktion beschrieben wird.

(i) Wird eine Put-Option erworben, so

◯ wird der Käufer diese nur ausüben, wenn der aktuelle Kurs des underlying asset über dem Basispreis liegt.

⊗ hat der Inhaber das Recht, das underlying asset für einen festgelegten Preis zu verkaufen.

(j) Im Standardmodell der Investitionsrechnung

◯ bleibt die Unterlassungsalternative meistens unbesteuert.

⊗ reagiert der Kapitalwert negativ auf eine Verschiebung der Abschreibungen in spätere Perioden.

(k) Der Basispreis einer Option

◯ variiert mit der Kursentwicklung des underlying asset.

⊗ wird bei Vertragsabschluss zwischen den Parteien festgelegt.

(l) Bei einem Zinssatz von 6 % und einem Rentenendwert, der das Zehnfache der gleichbleibenden Rente beträgt, beläuft sich die Laufzeit der Rente auf
⊗ 8,07 Jahre.
○ 7,79 Jahre.

(m) Für den Kapitalwert einer Investition gilt immer
⊗ $NPV = \dfrac{\Delta K_T}{(1+i)^T}$.
○ $NPV = \Delta C \dfrac{(1+i)^T \cdot i}{(1+i)^T - 1}$.

(n) Bei den statischen Investitionsrechnungen
○ können Endvermögens- und Einkommensmaximierung im Gegensatz zu den dynamischen Investitionsrechnungen zu unterschiedlichen Entscheidungen führen.
⊗ bleibt die zeitliche Struktur der Zahlungen unberücksichtigt.

(o) Von Wahlentscheidungen ist dann die Rede,
⊗ wenn die Verwendungsdauer von sich gegenseitig ausschließenden Investitionsprojekten fest liegt.
○ wenn es um simultane Investitions- und Finanzierungsentscheidungen geht.

(p) Ein Entscheidungsträger hat eine Nutzenfunktion der Form $U(x) = \sqrt{x}$. Gestellt vor die Wahl zwischen zwei Lotterien
$$A : [180; \ 20 \,|\, 0,6; \ 0,4] \text{ und } B : [150; \ 60 \,|\, 0,2; \ 0,8]$$
entscheidet er sich für
⊗ Lotterie A.
○ Lotterie B.

(q) In der Investitionsrechnung unter Unsicherheit
⊗ wird bei den Korrekturverfahren untersucht, ob sich eine Investition selbst im Worst-Case-Szenario lohnt.
○ wird bei der Sensitivitätsanalyse die Gültigkeit der Axiome rationalen Verhaltens unterstellt.

(r) Das Entscheidungskriterium der Methode der internen Zinsfüße besagt, dass
○ Investitionen mit dem niedrigsten internen Zinssatz zu bevorzugen sind.
⊗ Investitionen zu unterlassen sind, bei denen der interne Zinssatz kleiner als der Marktzins ist.

(s) Ein negativer Kapitalwert bedeutet, dass
○ die Kassenhaltung der Investitionsdurchführung vorzuziehen ist.
⊗ der tatsächliche Preis der Investition höher als der faire Preis ist.

(t) Das Wertpapier X weist einen Betafaktor in Höhe von 0,8 auf. Der risikolose Zinssatz beträgt $r_f = 10\,\%$ und die erwartete Rendite des Gesamtmarktes 20 %. Nach dem *Capital Asset Pricing Model* beläuft sich
○ die erwartete Rendite des Wertpapiers X auf 26 %.
⊗ die Risikoprämie des Wertpapiers X auf 0,08.

Stichwortverzeichnis

https://doi.org/10.1515/9783110609578-009